Evolução

FUNDAÇÃO EDITORA DA UNESP

Presidente do Conselho Curador
Mário Sérgio Vasconcelos

Diretor-Presidente
Jézio Hernani Bomfim Gutierre

Superintendente Administrativo e Financeiro
William de Souza Agostinho

Conselho Editorial Acadêmico
Carlos Magno Castelo Branco Fortaleza
Henrique Nunes de Oliveira
João Francisco Galera Monico
João Luís Cardoso Tápias Ceccantini
José Leonardo do Nascimento
Lourenço Chacon Jurado Filho
Paula da Cruz Landim
Rogério Rosenfeld
Rosa Maria Feiteiro Cavalari

Editores-Adjuntos
Anderson Nobara
Leandro Rodrigues

COORDENAÇÃO DA COLEÇÃO PARADIDÁTICOS

João Luís C. T. Ceccantini
Raquel Lazzari Leite Barbosa
Ernesta Zamboni
Raul Borges Guimarães
Carlos C. Alberts (Série Evolução)

DIOGO MEYER
CHARBEL NIÑO EL-HANI

Evolução
O sentido da biologia

COLEÇÃO PARADIDÁTICOS
SÉRIE EVOLUÇÃO

© 2005 Editora UNESP

Direitos de publicação reservados à:
Fundação Editora da UNESP (FEU)
Praça da Sé, 108
01001-900 – São Paulo – SP
Tel.: (0xx11) 3242-7171
Fax: (0xx11) 3242-7172
www.editoraunesp.com.br
www.livrariaunesp.com.br
feu@editora.unesp.br

CIP – Brasil. Catalogação na fonte
Sindicato Nacional dos Editores de Livros, RJ

M559e

Meyer, Diogo
  Evolução: o sentido da biologia / Diogo Meyer e Charbel Niño El-Hani. - São Paulo : Editora UNESP, 2005
  il. - (Paradidáticos ; Série Evolução)

  Contém glossário
  Inclui bibliografia
  ISBN 85-7139-602-7

  1. Evolução. 2. Evolução (Biologia). 3. Genética evolutiva. 4. Seleção natural. I. El-Hani, Charbel Niño. II. Título. III. Série.

05-2595.   CDD 575
                                                                      CDU 575.8

EDITORA AFILIADA:

Asociación de Editoriales Universitarias
de América Latina y el Caribe

Associação Brasileira de
Editoras Universitárias

A COLEÇÃO PARADIDÁTICOS UNESP

A Coleção Paradidáticos foi delineada pela Editora UNESP com o objetivo de tornar acessíveis a um amplo público obras sobre *ciência* e *cultura*, produzidas por destacados pesquisadores do meio acadêmico brasileiro.

Os autores da Coleção aceitaram o desafio de tratar de conceitos e questões de grande complexidade presentes no debate científico e cultural de nosso tempo, valendo-se de abordagens rigorosas dos temas focalizados e, ao mesmo tempo, sempre buscando uma linguagem objetiva e despretensiosa.

Na parte final de cada volume, o leitor tem à sua disposição um *Glossário*, um conjunto de *Sugestões de leitura* e algumas *Questões para reflexão e debate*.

O *Glossário* não ambiciona a exaustividade nem pretende substituir o caminho pessoal que todo leitor arguto e criativo percorre, ao dirigir-se a dicionários, enciclopédias, *sites* da Internet e tantas outras fontes, no intuito de expandir os sentidos da leitura que se propõe. O tópico, na realidade, procura explicitar com maior detalhe aqueles conceitos, acepções e dados contextuais valorizados pelos próprios autores de cada obra.

As *Sugestões de leitura* apresentam-se como um complemento das notas bibliográficas disseminadas ao longo do texto, correspondendo a um convite, por parte dos autores, para que o leitor aprofunde cada vez mais seus conhecimentos sobre os temas tratados, segundo uma perspectiva seletiva do que há de mais relevante sobre um dado assunto.

As *Questões para reflexão e debate* pretendem provocar intelectualmente o leitor e auxiliá-lo no processo de avaliação da leitura realizada, na sistematização das informações absorvidas e na ampliação de seus horizontes. Isso, tanto para o contexto de leitura individual quanto para as situações de socialização da leitura, como aquelas realizadas no ambiente escolar.

A Coleção pretende, assim, criar condições propícias para a iniciação dos leitores em temas científicos e culturais significativos e para que tenham acesso irrestrito a conhecimentos socialmente relevantes e pertinentes, capazes de motivar as novas gerações para a pesquisa.

SUMÁRIO

AGRADECIMENTOS 8

INTRODUÇÃO 9

CAPÍTULO 1
A natureza instiga nossa curiosidade 12

CAPÍTULO 2
A mudança é a regra 16

CAPÍTULO 3
A seleção natural 43

CAPÍTULO 4
Debates atuais na biologia evolutiva 77

CAPÍTULO 5
Pensar biologicamente é pensar evolutivamente 106

GLOSSÁRIO 127

SUGESTÕES DE LEITURA 129

QUESTÕES PARA REFLEXÃO E DEBATE 131

AGRADECIMENTOS

Charbel Niño El-Hani agradece ao CNPq pela concessão da bolsa de produtividade em pesquisa (302495/02-9), da bolsa de pós-doutorado (200402/03-0) e pelo projeto financiado no Edital 06/2003 (402708/2003-2), e à Fapesb, por projeto aprovado no edital temático cultura/2004.

Diogo Meyer agradece à Fapesp pela concessão de bolsa de Jovem Pesquisador. Agradecemos a Mercedes Okumura por comentários.

INTRODUÇÃO

Este livro busca apresentar os conceitos centrais da biologia evolutiva e da visão de mundo evolucionista de maneira acessível e, ao mesmo tempo, instigante. Para tanto, procuramos utilizar, sempre que possível, fenômenos próximos da experiência cotidiana das pessoas, como base para a discussão das ideias evolutivas. Ao longo do livro, os mesmos exemplos são usados de maneira recorrente, de modo que propiciem uma compreensão mais integrada dos conteúdos abordados. Falaremos de penas de aves, de resistência de bactérias a antibióticos, de canibalismo em aranhas etc. em diferentes momentos do livro, para explicar e ilustrar diferentes aspectos do pensamento evolutivo.

Outro princípio norteador da construção desta obra foi a atualização do tratamento da biologia evolutiva, buscando-se não somente apresentar os alicerces dessa ciência, construídos ao longo dos séculos XIX e XX, mas também as fronteiras atuais do pensamento sobre a evolução e a diversidade da vida. Nossa expectativa é a de que este livro contribua para uma visão mais informada sobre a maneira como as ciências biológicas explicam as mudanças sofridas pelos seres vivos ao longo do tempo, a diversificação de suas formas e suas adaptações aos ambientes em que vivem. Uma melhor compreensão de tais explicações é fundamental no momento histórico atual, no qual brotam em nosso país polêmicas sobre o ensino de evolução e o criacionismo, uma vez que, nessas polêmicas, frequentemente detectamos visões equivocadas sobre ideias centrais do pensamento evolutivo, as quais prejudicam o debate e levam, muitas vezes, a críticas infundadas.

Esperamos, ainda, que este livro contribua para que a evolução assuma, no ensino médio brasileiro, um papel mais central do que o tradicionalmente desempenhado. Não é apropriado tratar a evolução como somente mais um conteúdo a ser ensinado, lado a lado com quaisquer outros conteúdos abordados nas salas de aula de Biologia, na medida em que as ideias evolutivas têm um papel central, organizador do pensamento biológico. A abordagem das ideias evolutivas ao longo do livro passeia por diversas áreas das ciências biológicas, com o intuito de mostrar como elas podem ser aplicadas à compreensão dos mais diversos campos do conhecimento sobre a vida.

Por fim, ao desenvolvermos este estudo, levamos em consideração, todo o tempo, a importância da história e da filosofia das ciências para uma educação científica de qualidade. Este é um livro alinhado com o que tem sido chamado, por pesquisadores que investigam a educação científica, de abordagem contextual do Ensino de Ciências. Nesta perspectiva, propõe-se que a aprendizagem *das* ciências (isto é, dos conteúdos científicos específicos de cada área) deve ser acompanhada por uma aprendizagem *sobre as* ciências (ou *sobre a natureza da ciência*, ou seja, sobre como o conhecimento científico é construído e sobre suas dimensões históricas, filosóficas e sociais). Diante das transformações sociais dos últimos sessenta anos, que fizeram avanços científicos e tecnológicos influenciarem de uma maneira sem precedentes as estruturas sociais, a cultura e a vida cotidiana, o Ensino de Ciências não pode mais retratar a prática científica como se fosse separada da sociedade, da cultura e da vida cotidiana, e como se não possuísse uma dimensão histórica e filosófica.

No espírito de uma abordagem contextual do ensino de evolução, este livro foi organizado em bases histórico-filosóficas, partindo-se do estabelecimento das condições históricas em que o problema da compreensão da evolução foi colocado para a discussão de diferentes explicações do processo evolutivo propostas ao longo da história, chegando à teoria científica atualmente mais aceita, a teoria darwinista da evolução. Além disso, as discussões contemporâneas sobre essa teoria também foram analisadas, buscando-se mostrar como o conhecimento científico está sempre sujeito a mudanças, sendo uma das características mais notáveis da comunidade científica a prática da crítica constante das ideias utilizadas pelas ciências para a compreensão dos fenômenos naturais. Longe de ser uma teoria que nunca foi debatida ou questionada, a teoria darwinista da evolução sempre esteve e ainda está no foco dos debates sobre o pensamento biológico. Esperamos contribuir, com esta obra, para uma melhor compreensão desses debates, em particular, de quais aspectos do pensamento evolutivo têm sido foco de controvérsia, e de quais são largamente aceitos pela comunidade científica.

1 A natureza instiga nossa curiosidade

Quando olhamos a natureza à nossa volta, é fácil encontrar-mos fatos que nos deixam perplexos. Por que alguns seres vivos têm atitudes que, aparentemente, são danosas a eles mesmos? Considere o caso de aranhas viúvas-negras, em que o macho inicia a cópula com a fêmea mas, logo em seguida, faz uma elaborada manobra e se posiciona dian-te dela e se deixa devorar, sem esboçar resistência. E como pode haver seres vivos com características que se encaixam de modo aparentemente tão perfeito à função que exer-cem? Pense nas penas que vemos nas aves. Elas possuem um intricado mecanismo que engata pequenas fibras umas nas outras, formando uma estrutura flexível, porém resis-tente. Essa estrutura é capaz de oferecer resistência ao ar sem ser excessivamente pesada, contribuindo para a capa-cidade de voo.

Tanto o comportamento aparentemente autodestrutivo da aranha como a sofisticada engenharia que encontramos nas penas das aves são características que queremos expli-car. Como funcionam? De onde vieram? Por que existem? A Biologia busca respostas para perguntas como essas.

No caso da aranha, o que nos lança na busca de uma explicação é o fato de que observamos algo que, em princípio, não compreendemos, porque se choca com as expectativas do senso comum. Afinal de contas, os seres vivos em geral são eficazes em elaborar meios de sobreviver. Sendo assim, por que uma aranha macho haveria de oferecer-se como refeição à fêmea de sua espécie? No caso das penas das aves, o desafio é bem distinto: não se trata de explicar algo aparentemente pouco eficaz. Pelo contrário, diante das penas buscamos entender como pôde surgir uma estrutura tão complexa, e com características que se mostram tão incrivelmente adequadas à sua função. Tanto a característica aparentemente danosa como aquela que aparenta perfeição pedem explicações.

Há diversos modos de começarmos a responder a perguntas sobre o comportamento das aranhas canibais e a estrutura das penas. Podemos oferecer uma bela descrição dos intricados encaixes que compõem uma pena, entendendo como pequenas fibras se engatam e dão origem a uma superfície de propriedades aerodinâmicas tão notáveis. Podemos também buscar uma explicação sobre como a pena se forma nas aves, descrevendo em detalhe a sequência de eventos por meio dos quais a pele da ave dá origem a uma estrutura tão elaborada. Poderíamos ainda oferecer uma descrição da distribuição das penas na natureza: quem as possui? Elas estão presentes em aves fósseis? De modo semelhante, poderíamos obter uma melhor compreensão do comportamento canibalístico das aranhas respondendo a uma série de perguntas: a fêmea sempre come o macho ou há casos em que este sobrevive? Ela o mata antes ou depois da cópula? Ela só devora o macho quando está com fome, ou atacaria seu parceiro mesmo se estivesse de barriga cheia?

Se seguíssemos esse rumo, estaríamos caracterizando melhor o fenômeno que queremos compreender. Aprenderíamos algo sobre a estrutura e a natureza da pena, sobre como ela é formada, bem como sobre sua distribuição no mundo natural. Teríamos à nossa disposição dados sobre o contexto no qual o canibalismo se dá. Essas informações são valiosas, na medida em que pintam um retrato mais completo do nosso objeto de estudo, seja ele um comportamento ou uma estrutura morfológica. Caracterizar os fenômenos naturais dessa forma é uma importante tarefa das ciências biológicas.

Entretanto, buscar a compreensão do canibalismo sexual e da estrutura das penas caracterizando detalhes como aqueles supracitados parece deixar algo de fora. É como se à pergunta "por que o World Trade Center caiu, no dia 11 de setembro?" respondêssemos: "porque aviões se chocaram com as torres e o impacto, associado aos efeitos do incêndio, danificaram a estrutura dos prédios, levando ao seu colapso". Essa resposta é correta, mas deixa de fora informações valiosas sobre os eventos que resultaram na queda das torres gêmeas. Esses eventos têm suas raízes nas tensões históricas entre movimentos islâmicos extremistas e o Ocidente, relacionadas, entre outros fatores, à presença norte-americana no Oriente Médio. Para compreender a queda das torres num contexto mais amplo, precisamos entender o processo histórico que conduziu até esse evento.

Podemos aplicar esse mesmo tipo de raciocínio à investigação do universo biológico. Gostaríamos de responder por que, dentre os seres vivos atuais, são as aves que possuem penas – afinal, é plenamente concebível um mundo em que existam diversos animais, mas nenhum com penas. Gostaríamos também de compreender as etapas evolutivas que explicam a origem das penas, a partir de um ancestral sem penas. Diante da aranha canibal, temos perguntas semelhantes. Em que momento surgiu esse canibalismo? Por que existe esse comportamento, se a convivência pacífica entre machos e fêmeas da mesma espécie poderia ser o único padrão comportamental encontrado? Aquilo que vemos na natureza é um resultado particular, concretizado dentre um universo quase infinito de possibilidades que poderíamos conceber. Por que são esses os comportamentos e as estruturas que vemos, e não tantos outros, que também são possíveis?

Para responder a perguntas como essas, precisamos investigar a sequência de eventos que resultou numa certa estrutura ou num certo comportamento. Precisamos também compreender os processos que explicam o surgimento daquela estrutura ou daquele comportamento. De posse dessas informações, poderemos oferecer um relato mais completo sobre a presença e a natureza desses traços, indo além da caracterização detalhada.

A evolução – a modificação das espécies ao longo do tempo – lança luz sobre a nossa compreensão dos seres vivos de dois modos. Em primeiro lugar, ela implica que há relações de parentesco entre os seres vivos; para cada organismo vivo, há ancestrais que o precederam. Para compreender as penas nas aves precisamos examinar seus ancestrais, dos quais as aves herdaram diversas características. Em segundo lugar, a evolução nos permite investigar como ocorreram as mudanças nos seres vivos. De posse de uma teoria de mudança – que, como veremos no capítulo seguinte, também oferece ideias sobre os processos que causam as mudanças nas espécies – podemos buscar uma compreensão de como e por que ocorreram as mudanças que resultaram nos seres vivos atuais.

■

2 A mudança é a regra

Fixistas e evolucionistas[1]

Numa visita ao zoológico, paramos diante do chimpanzé e ficamos admirados com a semelhança entre ele e nós. Surge então a pergunta, que já ouvimos muitas vezes: "O homem veio do macaco?"

Até meados do século XIX, a maior parte das pessoas via tanto os humanos como os chimpanzés como seres que mantinham, sem qualquer mudança, as formas com as quais haviam surgido. Essas formas seriam também aquelas com as quais permaneceriam para sempre. Essa era uma visão de mundo na qual a permanência era a regra e, por isso, era denominada "fixismo". Além de supor que as espécies são imutáveis, a visão fixista crê num Deus criador, o qual teria originado o mundo tal como nós o vemos hoje; seu relevo, as plantas e os animais que o habitam, inclusive a

---

1 BOWLER, Peter J. *Evolution*: The History of an Idea. Chicago: The University of Chicago Press, 1989; MEYER, D. & EL-HANI, C. N. Evolução. In: EL-HANI, C. N. & VIDEIRA, A. A. P. *O que é vida? Para entender a biologia do século XXI.* Rio de Janeiro: Relume Dumará, 2000.

própria espécie humana. Esse evento de criação teria ocorrido há poucos milênios. O arcebispo James Ussher, em 1664, baseando-se em leituras do Antigo Testamento, proclamou que a Terra teria exatamente 5.668 anos de idade (e até precisou o dia da Criação: 26 de outubro de 4004 a.C., às 9h da manhã).

De acordo com a visão de mundo fixista, os seres vivos podem ser ordenados numa grande cadeia, que se estende das coisas mais primitivas às mais avançadas, sendo encabeçada, entre as coisas naturais, pela espécie humana. Os elementos dessa cadeia de seres vivos não estariam conectados entre si por elos de parentesco, como pensamos hoje na Biologia. A ordem atribuída a eles seria simplesmente reflexo da obra de Deus, que teria criado uma gama de espécies, indo desde as mais simples até as mais complexas. Essa visão de mundo também supõe que os seres vivos e cada uma de suas partes foram planejados pelo Criador para cumprir uma determinada função na natureza, contribuindo para a harmonia desta. Esse é o famoso argumento do planejamento, que é ainda hoje um ponto de debate entre criacionistas e evolucionistas. Para os teólogos naturais do final do século XVIII e começo do século XIX, a ordem e a diversidade vistas na natureza eram, acima de tudo, uma prova da sabedoria e benevolência do Criador.

Para o fixista, a pergunta sobre a relação entre o humano e o macaco tem uma resposta simples: o homem não vem do macaco. Aliás, nenhum ser vivo "vem" de qualquer outro; cada um representa uma forma viva isolada, sem qualquer conexão com as demais. O fixista também tinha a sua explicação para as características do humano, do chimpanzé, ou de qualquer ser vivo: cada uma das características que vemos era considerada o resultado de um ato de criação, com cada parte dos organismos planejada para exercer uma função específica.

Uma outra visão de mundo, que começou a deitar suas raízes no mundo ocidental moderno em meados do século XVIII, se opunha de modo frontal ao fixismo. Era uma visão que defendia o papel central da mudança no mundo natural: o "evolucionismo" ou "transformismo". Desde esse século, ideias de mudança estavam sendo sistematicamente introduzidas na compreensão de diversos aspectos do mundo natural. A origem e a transformação das estrelas e do sistema solar, por exemplo, foram estudadas pelo matemático francês Pierre Simon Laplace (1749-1827) e pelo filósofo prussiano Immanuel Kant (1724-1804), respectivamente. Na Geologia, o naturalista escocês James Hutton (1726-1797) propôs que o relevo que vemos atualmente teria sido produzido pela ação contínua dos mesmos processos que agem hoje. Isso implica, então, que a Terra estaria sofrendo alterações há muito tempo. Diversas teorias de evolução biológica também fizeram parte desse movimento intelectual. A ideia básica do evolucionismo, seja aplicado aos astros siderais, às formas do relevo ou aos seres vivos, é a de que o estado natural de todas as coisas que existem no mundo é a mudança. A permanência, quando ocorre, é uma exceção.

As teorias de evolução biológica propõem, portanto, que os seres vivos não são imutáveis: aqueles que são vistos atualmente nem sempre existiram, nem sempre tiveram a mesma forma e nem sempre existirão. Consequentemente, o conjunto de seres vivos presentes na Terra se alteraria ao longo do tempo. Desde o século XVIII, diversas teorias de evolução biológica vêm sendo discutidas, entre elas, as de Buffon e Lamarck.

O francês Georges Louis Leclerc, mais conhecido como conde de Buffon (1707-1788), propôs que as espécies se transformavam, mas de um modo limitado. Ele acreditava que cada espécie tinha um "molde interno", que determinava sua forma. Seu trabalho não deixava muito claro como esse molde funcionava, mas o argumento era o de que ele preservava a forma das espécies de uma geração para outra. Segundo Buffon, se uma espécie se dispersasse para diferentes regiões do globo, em cada um desses locais, a influência do ambiente levaria a desvios em relação à forma original, resultando no surgimento de novas variedades. Por exemplo, Buffon propôs que uma espécie de gato ancestral, depois de ter-se dispersado para diferentes regiões da Terra, teria dado origem a leões, tigres, leopardos, pumas e gatos domésticos. Cada tipo diferente de felino teria resultado dos diversos efeitos de cada ambiente, o qual teria atuado sobre um mesmo molde ancestral, produzindo as alterações que teriam dado origem aos novos animais.

Com essa teoria, Buffon havia esbarrado em ideias evolutivas. Sua proposta apresentava, contudo, limitações, o que é natural diante do pouco que se sabia sobre seres vivos na época. Primeiro, sua teoria impunha limites às mudanças que podiam ocorrer. Um gato ancestral poderia dar origem a vários outros animais semelhantes, mas Buffon não explicava como o próprio gato ancestral teria evoluído. Isso o obrigou a recorrer a um argumento baseado na geração espontânea, que postula que formas vivas se originam de material não-vivo. Para Buffon, a geração espontânea seria capaz de dar origem a diversas formas vivas, inclusive aquelas mais complexas, como o gato ancestral. Uma vez gerado, este poderia, pelo processo descrito em sua teoria, dar origem a novas espécies. A teoria de Buffon poderia, então, ser resumida da seguinte forma: a geração espontânea origina um conjunto de seres vivos e estes, sob a influência do ambiente, dão origem a novas formas, aumentando a diversidade de formas vivas.

Cerca de cinquenta anos depois de Buffon, outro naturalista francês, Jean-Baptiste Pierre Antoine de Monet, cavaleiro de Lamarck (1744-1829), propôs uma teoria evolutiva bastante diferente.[2] O processo evolutivo, segundo Lamarck, consistia em uma escalada de complexidade, ou seja, os seres vivos primitivos – originados por geração espontânea – se transformariam gradualmente, ficando cada vez mais complexos. Ele estava comprometido, assim, com uma ideia hoje muito controversa entre os biólogos, a de que a evolução resulta em progresso.

Lamarck não acreditava, como Buffon, que formas vivas complexas pudessem surgir por geração espontânea. Um dos motivos pelos quais ele se tornou um evolucionista foi exatamente sua aceitação da ideia de geração espontânea de formas de vida simples. Com base em tal aceitação, a única explicação que concebia para a existência de organismos mais complexos era a de que os seres vivos se transformavam uns nos outros.

Para Lamarck, o processo de geração espontânea estava constantemente criando seres vivos primitivos. Esses seres naturalmente tendiam a aumentar sua complexidade, geração após geração. Lamarck estava comprometido, ainda, com a ideia da grande cadeia dos seres vivos, originária do pensamento fixista, o que ilustra como o crescimento do conhecimento humano não é um processo linear, cumulativo, mas segue padrões complexos. Por causa desse seu compromisso, ele acreditava que, a partir de cada ser surgido por geração espontânea, uma sequência linear de aumento de complexidade se estabelecia. Ou seja, ele se propôs a arrumar os seres vivos de modo linear, em níveis crescentes de complexidade.

Contudo, se Lamarck estivesse certo, e a transformação das espécies resultasse apenas numa maior comple-

---

2   BURKHARDT JR., R. W. The Zoological Philosophy of J. B. Lamarck. In: LA-MARCK, J. B. *Zoological Philosophy*. Chicago: The University of Chicago Press, 1984. p.xv-xxxix; MARTINS, L. A. C. P. Lamarck e as quatro leis da variação das espécies. *Episteme*, 2(3):21-32, 1997.

xidade, como explicar a existência de muitos seres vivos pouco complexos? Por que eles teriam "estacionado" naquele estágio inicial? A resposta de Lamarck dependia da geração espontânea, que deveria estar sempre ocorrendo. Assim, os diferentes seres que vemos hoje, com diferentes graus de complexidade, refletiriam o tempo decorrido desde seu surgimento: seres mais complexos teriam surgido há mais tempo, de modo que a cadeia linear à qual pertenciam teria escalado níveis mais elevados de complexidade; seres menos complexos, por sua vez, teriam se originado mais recentemente (ver FIGURA 1A).

A visão de Lamarck sobre o arranjo dos seres vivos, de acordo com o padrão linear descrito anteriormente, teve grande influência sobre sua compreensão do que hoje denominamos evolução. Quando estava lidando com grandes grupos de seres vivos, como moluscos, crustáceos, insetos etc., ele conseguia arrumá-los dessa maneira, com base no exame de seus planos gerais de organização. Contudo, ao lidar com gêneros e espécies, tornava-se muito difícil arrumá-los em tal ordem.

Para apreciar a dificuldade encontrada por Lamarck, imagine que, após uma caminhada pela praia, na qual você

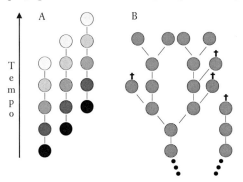

FIGURA 1. ARRANJO LINEAR DE ESPÉCIES, SEGUNDO LAMARCK (A), E NA FORMA DE ÁRVORE, SEGUNDO DARWIN (B). AS CORES MAIS CLARAS EM (A) INDICAM ESPÉCIES PROGRESSIVAMENTE MAIS COMPLEXAS.

coletou várias conchas com formato similar àquele do logotipo da Shell, você tentasse arrumá-las numa ordem crescente de complexidade. Ordená-las por tamanho ou coloração talvez seja possível. Mas na hora de propor um ordenamento por graus de complexidade, você teria bastante dificuldade, porque há espécies com conchas que diferem em vários aspectos, e não é fácil dizer quais são mais ou menos complexas.

Diante dessa dificuldade, Lamarck poderia ter abandonado a ideia de uma cadeia de seres vivos. Não foi isso, contudo, que ele fez. Ao contrário, buscou compatibilizar essa observação com a ideia de que a organização dos seres vivos se tornava mais complexa de maneira contínua e linear. Ele propôs um outro processo de diversificação, que perturbaria o aumento gradativo de complexidade, que ele via como o resultado de uma tendência inerente à vida. Era nesse ponto que as influências do ambiente entravam na teoria de Lamarck, de uma maneira muito diferente de nosso entendimento atual, no qual o ambiente desempenha um papel central na explicação do processo evolutivo. Na teoria de Lamarck, o ambiente tinha um papel secundário: ele não explicava o aumento de complexidade dos seres vivos, nem a composição crescente de sua organização, e sim porque o aumento de complexidade não era perfeito, apresentando divergências ao redor dos planos básicos de organização, em vez de uma sequência linear, perfeita, de planos corporais imaculados.

O ambiente forçaria os seres vivos a modificar seus hábitos, devido às necessidades de sobrevivência, e essa mudança de hábitos resultaria em uma alteração dos padrões de uso e desuso dos órgãos, de modo que estruturas orgânicas poderiam ser desenvolvidas ou atrofiadas. Como Lamarck aceitava uma ideia que era, em sua época, consenso entre os naturalistas – a herança de características adquiridas –, ele sugeriu que as alterações decorrentes do uso e desuso seriam herdadas, o que explicaria a diversidade de gêneros e espécies encontrados e, em particular, por que muitos seres possuem órgãos bem desenvolvidos para as funções que desempenham.

Você provavelmente aprendeu que a teoria de Lamarck consistia somente no uso e desuso e na herança de características adquiridas. É possível que nunca tenha sequer escutado sobre suas ideias a respeito da geração espontânea e da tendência de aumento de complexidade dos seres vivos. Isso resulta do fato de que Lamarck passou a ser visto, após Darwin, como um simples precursor deste. Essa visão não é adequada porque não concebe Lamarck como um homem de seu tempo, trabalhando em uma circunstância histórica bem distinta daquela de Darwin e seus sucessores, o que gerou distorções na compreensão do pensamento de Lamarck. Por exemplo, o ambiente, que tinha um papel secundário em sua teoria, assumiu no darwinismo um papel central. Assim, foi natural que, no final do século XIX, aqueles que se diziam seguidores de Lamarck, os neolamarckistas, tenham atribuído ao uso e desuso e à herança de características adquiridas o papel principal em suas visões sobre o processo evolutivo. É igualmente natural que eles tenham deixado de lado ideias que não eram mais aceitas, como a de que a geração espontânea de seres vivos simples ocorre continuamente e a vida tende naturalmente a aumentar sua complexidade.

É curioso que Lamarck tenha passado à história como o principal defensor da ideia de herança de características adquiridas, uma ideia consensual em sua época, da qual ele jamais reclamou autoria e sobre a qual recaíram as principais críticas à sua teoria, ao passo que ideias que ele próprio considerava centrais em seu pensamento tenham sido esquecidas.

As teorias de Buffon e Lamarck ilustram como havia espaço, no pensamento evolucionista, para ideias imensamente diferentes. Buffon via a transformação como o resultado do efeito do ambiente sobre algumas formas que se originariam por geração espontânea, mesmo que fossem complexas; Lamarck via uma tendência inerente à vida de aumento de complexidade, a qual originava formas complexas a partir de múltiplas formas primitivas que surgiam por geração espontânea.

Uma nova teoria evolutiva[3]

A primeira metade do século XIX assistiu a alguns outros lances nos debates sobre o evolucionismo, mas a grande cartada teve lugar ao final da década de 1850. Em 1858, cerca de cinquenta anos depois da publicação da obra mais importante de Lamarck, *Filosofia zoológica*, foram apresentados num encontro da Sociedade Lineana, em Londres, dois trabalhos que continham uma nova teoria evolutiva, de autoria de Charles Darwin (1809-1882) e Alfred Russell Wallace (1823-1913). O conteúdo do trabalho de Darwin foi então publicado na forma de um livro, *A origem das espécies*, em 1859 e teve enormes efeitos sobre a maneira como nossa espécie entende a si mesma e ao mundo ao seu redor.

A importância desse livro decorre de dois aspectos principais. Primeiro, Darwin argumentou que a transformação das espécies ocorria de um modo muito diferente daquele proposto por Buffon, Lamarck e outros evolucionistas anteriores. Uma das grandes inovações introduzidas por Darwin

---

3   DARWIN, C. *A origem das espécies*. Belo Horizonte/São Paulo: Itatiaia/Edusp, [1859]1985; BOWLER, Peter J. op. cit.; MAYR, E. *O desenvolvimento do pensamento biológico*. Brasília: UnB, 1998; MEYER, D. & EL-HANI, C. N. op. cit.

foi a ideia de que a evolução não é um processo linear, mas um processo de divergência a partir de ancestrais comuns. Duas espécies semelhantes seriam descendentes de uma única espécie que teria existido no passado. Desde sua origem a partir desse ancestral comum, elas teriam divergido, dando origem às diferenças que vemos. Quando comparamos duas espécies mais diferentes, estamos diante de espécies que divergiram de um ancestral comum há mais tempo e, portanto, acumularam mais diferenças. Todas as espécies seriam, em maior ou menor grau, aparentadas umas com as outras. A representação da história da vida sugerida por essa ideia de descendência comum e que foi, de fato, adotada pelo próprio Darwin é a de uma árvore da vida (FIGURA 1B), em contraste com a imagem linear de uma grande cadeia dos seres, como encontramos, por exemplo, em Lamarck. Na árvore da vida, sucessivos eventos de ramificação representam o surgimento de novas espécies a partir das preexistentes. Esse modo de evolução foi chamado de descendência com modificação.

A segunda ideia central do trabalho de Darwin é uma teoria sobre o processo que causa as mudanças evolutivas, que foi descoberta independentemente por Wallace. Esse processo, chamado de seleção natural, será apresentado a seguir, e sua importância será o tema do Capítulo 3.

Podemos voltar agora à pergunta com a qual iniciamos o capítulo: "o homem veio do macaco?" Encontramos, então, uma resposta bem diferente da fixista, e também diferente daquela que daríamos com base nas teorias evolutivas que antecederam a Darwin e Wallace. Chimpanzés e humanos são, ambos, resultados de transformação evolutiva. Eles partilham um ancestral comum, que existiu há algum tempo, e sofreram mudanças desde que essa espécie ancestral se ramificou pela primeira vez. Nós não descendemos dos chimpanzés, nem os chimpanzés descendem de nós; somos espécies distintas que se originaram de uma outra, que existiu no passado, o ancestral comum de humanos e chimpanzés (FIGURA 2). Quando dizemos que "viemos dos macacos", queremos dizer que somos descendentes de um animal que provavelmente tinha muitos traços semelhantes aos dos macacos atuais, mas, ao mesmo tempo, não era um macaco idêntico ao que vemos hoje. A forma mais correta de responder à pergunta "o homem veio do macaco?" é então a seguinte: humanos e macacos são parentes próximos na natureza e o ancestral que deu origem a ambos era um animal semelhante aos macacos que conhecemos hoje (FIGURA 2).

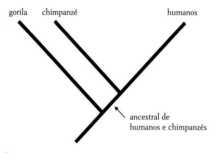

FIGURA 2. RELAÇÕES DE PARENTESCO ENTRE HUMANOS E MACACOS.

Essa visão de mundo pode ser estendida para diferentes escalas de tempo. Por exemplo, humanos não "vieram" de peixes, mas, em algum momento na história da vida na Terra, existiu uma espécie que deu origem a outras que, por meio de sucessivas gerações e etapas de ramificação da árvore da vida, originaram milhares de outras espécies, inclusive humanos e peixes.

As ideias de que as espécies são todas relacionadas entre si e de que a evolução ocorre por descendência com modificação mudam completamente nosso modo de enxergar a natureza e entender o mundo natural. Mas o que sustenta a aceitação dessa teoria? Como podemos convencer uma pessoa cética de que esse processo de descendência com modificação é capaz de explicar a diversificação de formas de vida na Terra? Como podemos argumentar que a evolução ocorre, se nenhum de nós teve a experiência de enxergar as espécies mudando, diante de nossos olhos?

Evidências de que a evolução ocorre[4]

Uma boa maneira de imaginarmos como convencer um cético de que a evolução ocorre é examinar os argumentos reunidos por Darwin, em *A origem das espécies*. Afinal de contas, ele mesmo, quando embarcou em sua viagem ao redor do mundo, acreditava que as espécies haviam sido criadas e eram imutáveis. Leituras, observações e um modo de pensar científico permitiram que ele mudasse sua própria opinião. Grande parte do trabalho feito por Darwin consistiu justamente numa cuidadosa arregimentação de informações, sustentando que a evolução ocorre por meio de um processo de descendência com modificação. Ele era um pesquisador com conhecimentos extremamente amplos, que soube explorar informações de áreas tão diversas quanto a Paleontologia, a Embriologia e a Anatomia. Ainda hoje, ao sustentar a realidade da evolução, usamos muitos dos argumentos levantados por Darwin.

SEMELHANÇAS ENTRE OS SERES VIVOS

Um olhar atento para as semelhanças e diferenças entre os seres vivos ofereceu informações importantes para Darwin. Diante de estruturas anatômicas aparentemente muito diferentes, uma observação detalhada é capaz de revelar a existência de semelhanças surpreendentes. Por

---

4 FUTUYMA, D. J. *Biologia evolutiva*. 2.ed. Ribeirão Preto: SBG, 1992.

exemplo, os ossos que formam as patas de animais terrestres, as nadadeiras de mamíferos aquáticos e as asas de morcegos são na essência os mesmos. As estruturas, no entanto, diferem, uma vez que os ossos que as compõem têm tamanhos, formas, ligações com músculos e revestimentos diferentes. As asas dos morcegos, por exemplo, são formadas por uma membrana de pele esticada entre os ossos correspondentes aos nossos dedos das mãos. Nadadeiras de golfinhos, por sua vez, contêm um conjunto parecido de ossos, porém bastante encurtados e dispostos de uma maneira que formam uma espécie de pá, a qual usam para nadar. Patas, nadadeiras e asas não são soluções independentes para os desafios de andar, nadar e voar: elas são variações de um mesmo conjunto de ossos, moldado para cada uma dessas funções específicas. Diante dessas observações, surge a pergunta: por que o Criador "reaproveitaria" estruturas preexistentes? A maneira oportunista como o mesmo conjunto de ossos é aproveitado, em golfinhos e morcegos, para funções diferentes coloca oposições, ainda, à ideia de que essas estruturas teriam sido planejadas. Isso parece mais compatível com um processo de bricolagem – atividade criativa em que peças disponíveis, pedaços de sucata, sobras de outros projetos são aproveitados para fazer algo novo – do que com uma atividade de construção planejada, na qual peças necessárias para a construção de uma estrutura são desenhadas e moldadas para desempenhar exatamente a função desejada.

Hoje, podemos somar às observações de Darwin as descobertas da Biologia Molecular e da Bioquímica, das quais uma de grande importância diz respeito ao código genético. Esse código determina como sequências de nucleotídeos em moléculas de DNA são traduzidas para gerar as proteínas, componentes fundamentais de nossas células.

Os seres vivos diferem no seu patrimônio genético, mas o mecanismo bioquímico que utiliza essa informação – o próprio código genético – é virtualmente idêntico em seres extremamente diversos. A imensa semelhança do código genético entre os mais diversos seres existe porque eles descendem de um mesmo ancestral, no qual o código originalmente surgiu.

Além de estruturas diferentes na sua forma geral, mas semelhantes na sua constituição mais íntima, o que sugere parentesco, há um outro conjunto de características que vale a pena investigar: aquelas que são aparentemente semelhantes, mas quando olhadas atentamente se revelam muito diferentes, as convergências.

CONVERGÊNCIAS

Tanto os olhos de cefalópodes (por exemplo, o polvo) como os de vertebrados partilham uma função e estrutura geral semelhantes: são câmeras escuras que captam a luz de fora e oferecem informação sobre o mundo externo para o sistema nervoso. Entretanto, esses olhos aparentemente semelhantes são profundamente diferentes. Os tipos de células, e a forma como estas estão arranjadas em tecidos, diferem radicalmente nesses dois grupos de animais. Se a intenção era gerar uma estrutura voltada para a tarefa da visão, por que caminhos tão diferentes foram percorridos por diferentes animais? Num mundo planejado por um Criador, faria mais sentido se encontrássemos um mesmo tipo de olho, planejado e ideal, para todos os seres vivos. A alternativa evolutiva oferece uma explicação melhor. A teoria da evolução por seleção natural sugere que os desafios enfrentados por diferentes organismos favoreceram os "bem equipados". Assim, uma característica valiosa como a visão – que permite ao organismo colher valiosas informações sobre o meio ambiente – poderia ter sido alcançada por caminhos bastante diferentes, uma vez que a seleção natural teria favorecido aqueles com alguma capacidade visual, não importando o modo como o olho foi gerado.

ÓRGÃOS VESTIGIAIS

São estruturas aparentemente desprovidas de função, mas semelhantes a órgãos funcionais em outros organismos. Um exemplo são os vestígios de apêndices que encontramos em cobras. Todos sabem que cobras não possuem pernas. Mas, se dissecarmos algumas espécies de cobras e as examinarmos com atenção, encontraremos pequenos ossos, semelhantes aos da bacia e das pernas de animais que possuem apêndices. Por que razão o Criador se daria ao trabalho de colocar num organismo essas estruturas sem qualquer função? Se cobras se locomovem sem usar pernas, por que reteriam um resquício dessa estrutura? Era difícil aceitar uma criação divina diante dessas estruturas, na medida em que elas, afinal de contas, revelavam uma imperfeição na criação, incompatível com as características usualmente atribuídas a Deus. Numa perspectiva evolutiva, é fácil apontar a razão pela qual aqueles pequenos ossos são encontrados: os ancestrais das cobras possuíam apêndices e, assim, mesmo depois de os terem perdido, as cobras retiveram as estruturas ósseas encontradas em seus ancestrais.

Nesse contexto também temos uma contrapartida moderna, vinda da genética. Se observarmos o conjunto de genes de um ser vivo, encontraremos alguns que não exercem função alguma, tendo sido "desligados" ao longo da história de um grupo de organismos. Esses genes desligados são semelhantes a um gene funcional, mas foram de algum modo danificados, perdendo assim a função. Eles são denominados "pseudogenes" e podem ser considerados "genes vestigiais". Atualmente temos uma explicação evolutiva para sua existência. É comum genes serem "duplicados", originando assim uma nova cópia de um gene preexistente. A partir do momento em que há duas cópias de um mesmo gene, uma delas pode sofrer alterações – mesmo que resultem em perda de função – sem que haja prejuízo para o organismo, uma vez que a outra cópia continua funcionando. Assim, os pseudogenes são cópias de genes funcionais, mas que deixaram de funcionar em algum momento da história evolutiva. Num universo feito de modo planejado por um Criador, por que haveria genes danificados, sem função, no genoma? A evolução explica a existência de "genes vestigiais" de maneira mais lógica.

Todas essas evidências sustentam, por si mesmas, a evolução, mesmo que a transformação das espécies ao longo do tempo não seja por elas demonstrada. Porém, com o auxílio dos fósseis, podemos lançar uma luz sobre o tipo de mudança que ocorre nos seres vivos.

EVIDÊNCIAS PALEONTOLÓGICAS

O estudo dos fósseis, a Paleontologia, também resultou em desafios às ideias fixistas. Fósseis são, por assim dizer, retratos de espécies que habitaram nosso planeta no passado. Eles aparecem sob duas formas: restos de organismos (ossos ou conchas, por exemplo) e vestígios (como pegadas, pistas ou moldes). Os fósseis encontrados suscitam inúmeras perguntas: Como explicar o desaparecimento de tantas espécies na fauna atual? Qual a relação entre as espécies fósseis e as vivas? Por que há tantas diferenças entre os conjuntos de espécies da Terra em diferentes épocas?

O paleontólogo francês Georges Cuvier (1769-1832) ofereceu uma explicação para os fósseis coerente com sua visão criacionista. Para ele, a Terra passava por sucessivas catástrofes – grandes enchentes, erupções vulcânicas etc. – que dizimavam as espécies, e Deus então repovoava a

Terra, criando outras novas. A explicação de Cuvier corresponde a uma teoria da mudança das espécies, mas não é uma teoria evolutiva, porque nela a mudança aparece na forma de eventos excepcionais numa natureza que normalmente é estática. A teoria da evolução é diferente, porque propõe que a mudança na natureza é a regra, e não a exceção. A teoria de Cuvier dava conta das mudanças dos seres vivos ao longo do tempo, mas deixava outras observações sem resposta. Como explicar o fato de espécies presentes numa localidade serem semelhantes aos fósseis que as antecederam? Por que há semelhanças entre fósseis encontrados em sucessivos estratos geológicos, numa mesma região? Para Darwin, esses fatos seriam explicados mais facilmente supondo-se que novas espécies surgem de espécies preexistentes. Os fósseis encontrados numa região seriam resquícios de ancestrais das espécies atualmente existentes naquele mesmo local.

Se os fósseis oferecem um retrato de como as espécies variam ao longo do tempo, outra rica fonte de informações resulta da variação de espécies entre diferentes locais geográficos. Esse foi um tema muito explorado por Darwin, como veremos a seguir.

VARIAÇÃO GEOGRÁFICA

O estudo da distribuição das espécies pelo globo – disciplina que hoje chamamos de Biogeografia – também trazia complicações para as ideias fixistas. Ao contemplarmos espécies vivas, é comum notarmos que as mais semelhantes entre si ocorrem em localidades geograficamente próximas. Além disso, barreiras geográficas (como rios, montanhas, mares etc.) com frequência subdividem a diversidade biológica, assim os animais que estão do mesmo lado da barreira são mais semelhantes entre si do que com os do outro lado da barreira. Por que o Criador teria distribuído as espécies dessa forma tão peculiar? Nesse caso, também existia uma explicação alternativa baseada na ideia de evolução: o padrão de distribuição das espécies poderia ser explicado por meio de uma sequência de eventos envolvendo origem, dispersão e modificação de espécies. Quando se admite que novas espécies se originam das preexistentes, é natural supor que espécies geograficamente próximas sejam também as de parentesco mais próximo.

A Anatomia Comparada, o estudo de órgãos vestigiais, a Paleontologia e a Biogeografia traziam à tona uma ordem no mundo natural que não parecia ser facilmente compreensível dentro de uma visão de mundo fixista. Mais do que isso, essas observações, além de desafiarem essa perspectiva, delineavam uma visão de mundo alternativa. Essa alternativa consistia em supor que patas, nadadeiras e asas são alterações feitas em membros que estiveram presentes num ancestral dos mamíferos, modificados em cada espécie descendente. Da mesma forma, cobras teriam se originado de um organismo ancestral que possuía patas e, por isso, apresentam vestígios destas, na forma dos pequenos ossos que hoje encontramos. De fato, estudos de fósseis sugerem que um réptil aquático, que possuía patas, é o parente mais próximo das cobras. Se as espécies atuais descendem das espécies que viveram no passado, é natural que fósseis e espécies vivas de uma mesma localidade sejam parecidos. Por fim, se as espécies atuais são descendentes de espécies preexistentes, deve-se esperar que as espécies geograficamente próximas sejam aquelas mais intimamente aparentadas.

Esse conjunto de argumentos foi usado por Darwin para sustentar sua crença no princípio de evolução por descendência com modificação. A solidez com a qual afirmamos a realidade do processo evolutivo pode dar a impressão de que a evolução é uma teoria única e monolítica. Porém, a situação é um pouco mais complexa.

Cinco teorias evolutivas[5]

Quando falamos em "evolução", temos em mente a afirmação de que as espécies se transformam ao longo do tempo. Essa é, de fato, a ideia central da visão de mundo evolutiva, quando aplicada à Biologia. Entretanto, ao lado dessa ideia básica, a contribuição de Darwin abrange outras ideias muito importantes. Na realidade, o que chamamos de "teoria darwinista da evolução" é um conjunto de teorias inter-relacionadas. Essas diferentes teorias remetem a diferentes aspectos do processo evolutivo, dos quais alguns são ainda hoje foco de pesquisa e discussão entre cientistas.

PRIMEIRA TEORIA: A EVOLUÇÃO OCORRE

No cerne da teoria evolutiva, está a própria noção de que as espécies não são imutáveis. Como vimos, há várias evidências que sustentam essa visão. Vimos também que a transformação das espécies é uma ideia que precedeu o trabalho de Darwin, mas para a qual ele contribuiu muito, reunindo evidências de diversas áreas de estudo e propondo uma teoria convincente sobre como ela ocorre. Hoje, entre biólogos profissionais, não há dúvida de que os seres vivos tenham evoluído. Esse não é um ponto de debate na comunidade científica, apesar dos entusiasmos criacionistas.

Como vimos no início do capítulo, a teoria evolutiva proposta por Darwin diferia daquelas de seus antecessores de muitas maneiras. Uma diferença fundamental dizia respeito ao entendimento do modo como surgiam novas espécies e, consequentemente, à compreensão dos elos de parentesco entre os seres vivos que habitam a Terra. A sugestão de Darwin era que todos os seres vivos são, em

---

5   MAYR, E. op. cit.

algum grau, aparentados entre si. Essa asserção constitui a segunda ideia central da teoria darwinista, a qual analisaremos a seguir.

SEGUNDA TEORIA: OS SERES VIVOS PARTILHAM ANCESTRAIS COMUNS

Para Darwin, novas espécies surgem de espécies preexistentes. Estas, por sua vez, teriam também se originado, no passado, de outras espécies. Dessa forma, podemos caminhar para trás no tempo, encontrando ancestrais cada vez mais remotos de espécies atuais, ou, usando a metáfora da árvore evolutiva, podemos descer para galhos cada vez mais baixos da árvore da vida. Todos os seus ramos são conectados entre si, alguns estão mais próximos, outros, mais distantes (FIGURA 1B). A imagem de uma árvore é sugerida, como discutimos anteriormente, pela ideia de descendência comum.

TERCEIRA TEORIA: A VARIAÇÃO DENTRO DA ESPÉCIE ORIGINA DIFERENÇAS ENTRE ESPÉCIES

Darwin fez mais do que afirmar que a evolução ocorre e que ela resulta numa grande árvore unindo todos os seres vivos. Ele também formulou teorias sobre como esse processo se dá. Ele propôs que a variação que existe dentro de uma espécie (ou seja, as diferenças entre os seus indivíduos) dá origem às diferenças entre as espécies. A compreensão de que não são os indivíduos que mudam ao longo do processo evolutivo e sim as populações constitui um dos aspectos mais fundamentais da teoria evolutiva darwiniana (FIGURA 3). Por exemplo, considere a tendência de espécies se tornarem menores ao longo de uma linhagem evolutiva (fato que ocorre em diversos parasitas). Não é necessário que algum organismo individual sofra mudança de tamanho ao longo de sua vida para que isso aconteça. O que ocorre é que, se uma população possui indivíduos maiores e menores, e os indivíduos menores têm alguma vantagem sobre os maiores, eles tendem a tornar-se mais frequentes na população, e podem até chegar a substituir os maiores. Desse modo, a população como um todo caminhará na direção de sofrer uma redução de tamanho, diferenciando-se das demais populações. Assim, diferenças de tamanho entre indivíduos de uma população são convertidas em diferenças entre populações.

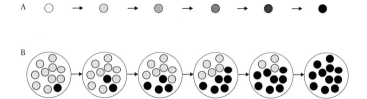

FIGURA 3. PROCESSO DE MUDANÇA EVOLUTIVA PARA LAMARCK (A) E PARA DARWIN (B).

Para Darwin, esse processo explica não só a origem de diferenças entre populações, mas também a de diferenças entre espécies. Para tanto, basta que se acumulem ainda mais diferenças entre as populações. A evolução seria, então, um processo cumulativo: as diferenças que tornam populações distintas, operando por escalas de tempo mais longas, terminariam por gerar espécies diferentes e, numa escala de tempo ainda maior, explicariam a grande diversidade de formas que vemos no planeta. A teoria de Darwin propunha, então, uma relação contínua entre as diferenças observadas em cada escala, desde as populações até os grandes grupos de seres vivos. É natural que essas ideias tenham resultado em uma teoria sobre o "ritmo" da transformação evolutiva, como veremos a seguir.

QUARTA TEORIA: A EVOLUÇÃO É GRADUAL

Uma consequência da teoria de diversificação que descrevemos, de acordo com a qual há um contínuo entre os processos que levam à diferenciação de populações e aqueles que explicam as diferenças entre espécies, é a suposição de que a evolução é gradual. As grandes mudanças evolutivas ocorreram com uma sucessão de mudanças menores que se acumulariam. Nas palavras de Darwin, a natureza não dá saltos.

Esse aspecto da teoria de Darwin era audacioso. Ao defender um processo evolutivo gradual e baseado na conversão de diferenças entre indivíduos de uma população em diferenças entre espécies, ele oferecia uma única teoria capaz de explicar todos os níveis de diversificação das formas vivas. Mas o gradualismo de Darwin abria um flanco para críticas: há grandes lacunas na diversidade do mundo natural; nem sempre encontramos os intermediários que explicam a transição entre espécies. Essas lacunas foram atribuídas por Darwin, entre outras razões, a falhas do registro fóssil: um organismo parece surgir abruptamente na história da vida na Terra, mas, na realidade, o que ocorre é que não foram encontrados vestígios de seus antecessores, os quais revelariam os passos intermediários, percorridos até chegar a ele.

QUINTA TEORIA: A SELEÇÃO NATURAL É O MECANISMO SUBJACENTE À MUDANÇA EVOLUTIVA

A evolução é o resultado de mudanças na composição das populações. Como vimos há pouco, uma população de animais grandes pode, gradualmente, originar uma população de animais pequenos. Mas se essa população, que continha animais grandes e pequenos, passou a ser inteiramente composta de animais pequenos, cabe perguntar: por que a mudança foi na direção de uma diminuição do tamanho, ao invés de um aumento? E, de modo mais geral, podemos também perguntar: por que houve mudança? A população não poderia ter permanecido com seu tamanho original?

Qual processo explica a substituição de uma forma por outra? Darwin e Wallace responderam a essas perguntas quando propuseram a teoria da seleção natural.

A seleção natural era uma ideia mais revolucionária do que a simples defesa de que ocorre evolução. Se, por um lado, na época de Darwin e Wallace, já estavam no ar ideias evolutivas, por outro, não estava disponível uma proposta largamente aceita de um mecanismo que pudesse resultar na evolução dos seres vivos.

Um dos aspectos mais fascinantes das obras de Darwin e Wallace é a forma como eles juntaram uma série de observações e ideias, que individualmente causavam pouca controvérsia, em uma teoria ousada e revolucionária, a teoria da seleção natural, a qual propuseram independentemente. Essas ideias e observações são apresentadas a seguir:

1. Todas as espécies têm uma fertilidade tão grande que o número de indivíduos em suas populações tende a aumentar de maneira exponencial, caso todos os indivíduos consigam reproduzir-se com sucesso.

2. As populações normalmente apresentam um tamanho estável, que varia dentro de um certo limite. Em *A origem das espécies*, Darwin escreveu:

> O elefante é considerado, dentre todos os animais conhecidos, o que procria mais lentamente, e eu tive o trabalho de estimar sua taxa mínima provável de aumento natural: numa estimativa conservadora, podemos supor que ele procria quando tem trinta anos de idade e continua procriando até os noventa anos, dando à luz três pares de rebentos neste intervalo; sendo assim, ao fim do quinto século, haveria quinze milhões de elefantes vivos, descendentes do primeiro par. (Darwin, 1859)

Essa foi a maneira enfática de Darwin afirmar que os seres vivos não realizam seu potencial reprodutivo: caso o fizessem, o mundo estaria superpovoado por elefantes (e, na verdade, por qualquer outro ser vivo). A simples observação de que os seres vivos possuem um imenso potencial de crescimento, mas mantêm populações de tamanho estável, abre o caminho para uma das ideias centrais na teoria da seleção natural, a luta pela existência.

Uma terceira observação permite que os pontos 1 e 2 sejam explicados.

3. O aumento da disponibilidade de recursos naturais não acompanha o crescimento populacional. A ideia de que a primeira – alimento, abrigo etc. – limita o potencial do segundo foi originalmente articulada pelo economista inglês Thomas Malthus (1766-1834) em sua obra *Ensaio sobre o princípio da população* (1797). A ideia de Malthus era simples: as populações crescem mais rapidamente do que os recursos dos quais dependem, porque a taxa de crescimento destes é mais lenta do que a das populações. Logo, não é possível que todos os seres vivos consigam sobreviver e muitos morrem, devido à falta de recursos.

Os três pontos levam à conclusão de que há competição na natureza: como são produzidos mais indivíduos do que o número que pode ser mantido pelos recursos disponíveis, uma luta árdua pela existência deve ocorrer entre os indivíduos de uma população. O resultado é a sobrevivência de apenas uma parte, com frequência uma parte muito pequena, dos indivíduos que nascem em cada geração.

O que determina, contudo, quais serão os sobreviventes na luta pela existência? Um dos pontos centrais da teoria da seleção natural é o de que a sobrevivência dos indivíduos nessa luta não é produto do acaso. Combinando observações sobre a variação e a herança com as ideias sobre competição, podemos chegar a uma resposta.

4. As populações de organismos apresentam variabilidade. Se observarmos, por exemplo, uma ninhada de cachorros, verificaremos sem dificuldade que os filhotes diferem em diversos aspectos.

5. Parte dessa variação pode ser transmitida aos descendentes. Em outras palavras, parte da variação é herdável. Os filhotes mais escuros da ninhada, uma vez adultos, provavelmente serão aqueles que terão filhotes mais escuros.

6. Parte da variação nas populações ocorre em caracteres que afetam as chances de sobrevivência e reprodução dos organismos. Diferentes organismos de uma mesma população são mais bem ou mal equipados para lidar com os desafios ambientais aos quais estão expostos. Pense, por exemplo, em dois cães selvagens, que têm de sobreviver à custa da caça; aquele que tem o olfato mais aguçado, em relação ao outro, e consegue encontrar presas com maior facilidade provavelmente terá acesso a uma maior quantidade de recursos, o que aumentará, em relação ao outro, suas chances de sobrevivência e reprodução. É natural supor que algumas variações encontradas numa população coloquem os indivíduos que as possuem numa posição vantajosa em relação aos demais, traduzindo-se essa vantagem numa maior chance de sobrevivência.

Darwin e Wallace compreenderam que, uma vez admitidos esses pontos, uma consequência da maior importância seguiria. Diante da limitação de recursos, aqueles seres com características que aumentam sua capacidade de explorar o ambiente no qual vivem tendem a sobreviver. Se a característica responsável pelo aumento da chance de sobrevivência for herdável, ela será passada às novas gerações. Assim, de uma geração a outra, a população se transformará: uma característica que favorece os indivíduos que a possuem, aumentando suas chances de sobrevivência e reprodução, será passada adiante com maior frequência do que uma característica que não ajuda na sobrevivência. Assim, após longos intervalos de tempo, a maior parte dos indivíduos da população possuirá a característica vantajosa. É esse processo de sobrevivência e reprodução desiguais, juntamente com a herança das características que influem na sobrevivência, que constitui o processo de seleção natural.

Sabemos tudo que há para saber sobre evolução?

Neste capítulo, percorremos um longo caminho. Com base na pergunta sobre se humanos descendem de macacos, pudemos contrastar as visões fixistas e as evolucionistas. Vimos um pouco da diversidade de teorias evolutivas, comparando as de Lamarck e Buffon com as de Darwin e Wallace. Onde essa jornada nos deixa? Nossa narrativa nos conduz até o estabelecimento de uma teoria de mudança para a natureza: a evolução pela descendência com modificação. Chegamos também a uma teoria sobre o mecanismo subjacente a essa mudança: a teoria da seleção natural.

Contudo, em qualquer área da ciência, o conhecimento está constantemente sendo gerado e colocado em xeque. Assim, a biologia evolutiva também vive seus debates dentro de seu edifício, cujos alicerces foram plantados pelo trabalho de Darwin e de seus seguidores. Reformas nesse edifício foram feitas, desde os dias de Darwin, e continuarão a ser feitas. Mas quais serão esses debates? Eles representam desafios para nosso conhecimento acerca do processo evolutivo?

No próximo capítulo, examinaremos em maior detalhe alguns dos debates sobre a seleção natural, e visitaremos exemplos sobre como a seleção natural atua. Isso nos levará a uma discussão das limitações das explicações seletivas e à investigação de outros mecanismos de mudança, diferentes da seleção natural, que vêm complementar a compreensão do processo evolutivo no darwinismo.

■

3 A seleção natural

A vida conturbada da seleção natural darwiniana[6]

O trabalho de Darwin foi fundamental para tornar a teoria da evolução largamente aceita. Sua capacidade de reunir evidências, vindas de várias frentes, permitiu argumentar de modo convincente que era difícil conciliar inúmeras características da natureza com um mundo em que os seres vivos teriam sido criados e seriam imutáveis. Após um período de acirrada controvérsia, Darwin e seus seguidores conseguiram convencer seus contemporâneos de que a transformação das espécies, por meio de um processo de descendência com modificação, explicava de modo muito mais satisfatório diversas características da natureza. A partir da década de 1870, a ideia de evolução gozou, ao menos na comunidade científica, de grande aceitação. No caso da outra grande contribuição de Darwin, a teoria da seleção natural, a história foi mais conturbada. Para muitos

---

6 BOWLER, P. J. op. cit.; BOWLER, P. J. *El eclipse del darwinismo*. Barcelona: Labor, 1983.

cientistas do final do século XIX, restavam dúvidas sobre o papel da seleção natural. Dois problemas eram particularmente sérios: a ausência de um mecanismo convincente de herança (essencial para a operação da seleção natural) e a aparente falta de direção do processo evolutivo, conforme proposto por Darwin.

Para entender as controvérsias sobre a seleção natural, é importante distinguir entre a natureza do pensamento darwinista entre as décadas de 1860 e 1880 e ao final do século XIX. Nas três primeiras décadas após a publicação de *A origem das espécies* (1859), o darwinismo original se caracterizava, entre outras coisas, por uma postura flexível em relação à possibilidade de haver outros mecanismos evolutivos. O próprio Darwin, por exemplo, atribuía à herança de características adquiridas um papel em sua teoria, apesar de sempre enfatizar a seleção natural como o mecanismo principal de mudança evolutiva. Essa natureza abrangente do darwinismo original diminuía, de um lado, o impacto das controvérsias no interior do darwinismo, apesar de estas ainda existirem, e, de outro, permitia que naturalistas que, no fundo, não aceitavam a seleção natural permanecessem dentro da comunidade de darwinistas. A situação mudou no final do século XIX com a defesa de um darwinismo mais estrito, no qual o papel de explicar a mudança evolutiva era atribuído somente à seleção natural. Quando August Weismann (1834-1914) defendeu a ideia de que a seleção natural seria o único mecanismo evolutivo aceitável, uma diversidade de teorias evolutivas antidarwinistas surgiu. O endurecimento do darwinismo contribuiu para que muitos biólogos inclinados a admitir outros mecanismos evolutivos viessem a romper com a teoria da seleção natural. Tinha início, então, a partir da década de 1890, um período marcado pelo surgimento na comunidade científica de formas de evolucionismo explicitamente antidarwinistas e por uma queda tão grande na aceitação da teoria darwinista que o historiador de Biologia Peter Bowler chegou a denominá-lo "eclipse do darwinismo".

As teorias alternativas

Dentre as teorias da evolução alternativas defendidas na virada do século XX, o *neolamarckismo* e a *teoria da ortogênese* foram apoiados por naturalistas que viam neles a possibilidade de preservar um elemento de finalidade no processo evolutivo. Eles pretendiam superar o retrato darwinista da evolução como um processo ao acaso, de tentativa e erro. No final do século XIX, a popularidade da teoria da seleção natural diminuiu em tal medida que, por volta de 1900, seus adversários estavam convencidos de que ela jamais se recuperaria. No começo do século XX, ela era praticamente uma teoria refutada, como sugere o título de um livro escrito por Dennert em 1904, *No leito de morte do darwinismo*. A ocorrência da evolução permaneceu sem ser questionada, mas mecanismos evolutivos alternativos à seleção natural gozavam de prestígio cada vez maior.

Os neolamarckistas defendiam uma teoria evolutiva centrada na ideia de *herança de caracteres adquiridos*, diferente da teoria que o próprio Lamarck havia defendido no começo do século XIX, como foi visto no Capítulo 2. Segundo os neolamarckistas, as modificações sofridas por um organismo ao longo de sua vida podiam ser herdadas pelos seus descendentes. No início do século XX, essa teoria parecia bastante aceitável, uma vez que o conhecimento sobre os mecanismos da hereditariedade ainda estava dando seus primeiros passos. Entretanto, os experimentos que foram feitos para apoiar a herança de caracteres adquiridos se mostraram falhos e gradualmente ficou claro que as mudanças sofridas por um organismo ao longo de sua vida não eram transmitidas aos seus descendentes. Além disso, a ascensão da genética mendeliana, no começo do século XX, conduziu à construção de uma visão da herança de acordo com a qual somente mudanças na linhagem germinativa, que produz os gametas de um organismo, poderiam ser herdadas, lançando descrédito sobre a herança de características adquiridas.

Outra teoria antidarwinista da mudança evolutiva era a *ortogênese*. Ela sustentava que o processo de mudança evolutiva ocorria com determinadas metas e que era essa tendência de seguir um rumo preestabelecido, e não a seleção natural, que explicava a transformação evolutiva. Essa forma de pensar era particularmente popular entre os paleontólogos, que viam no registro fóssil padrões que, para eles, sustentavam um processo evolutivo que seguia um rumo preestabelecido. Entretanto, os defensores da teoria da ortogênese não foram, de um lado, capazes de apresentar um mecanismo convincente para explicar o processo de mudança que propunham e, de outro, análises cuidadosas do registro fóssil revelaram que as mudanças evolutivas que serviram de base para a construção da ideia da ortogênese podiam ser explicadas pela ação da seleção natural.

Uma terceira alternativa à seleção natural, e talvez a mais influente, foi o *mutacionismo,* elaborado na primeira década do século XX, após a redescoberta dos trabalhos de Gregor Mendel (1822-1884), que deram origem à genética, em 1900. Em vez de ser a salvação do darwinismo, então em crise, o mendelismo foi apresentado como mais uma alternativa à teoria da seleção natural. O mutacionismo nasceu do sucesso da genética experimental, que desde o início do século havia demonstrado a ocorrência de *mutações* – súbitas alterações herdáveis – em seres vivos. Trabalhos em laboratório haviam demonstrado, sem sombra de dúvida, que mutações ocorriam e logo ficou claro que essas alterações também ocorriam na natureza. Os argumentos que sustentavam a mudança evolutiva por seleção natural pareciam comparativamente pouco sólidos, diante do rigor com que havia sido demonstrada a ocorrência de mutações. A mudança evolutiva por seleção natural ainda não havia sido, naquela época, apoiada por dados experimentais, mas somente por observações indiretas. Para que a seleção natural resultasse em mudanças evolutivas, era necessário que houvesse uma diferença na taxa de reprodução diferencial entre seres vivos que eram sutilmente diferentes uns dos outros; mas se essas diferenças não fossem herdáveis, não haveria evolução por seleção natural. Afinal de contas, mesmo que numa população houvesse seleção natural favorecendo animais "altos", não haveria nenhuma evolução se esses indivíduos tivessem mais filhotes e estes não herdassem essa característica. O problema que se apresentava era que, justamente para as características que apresentavam sutis diferenças entre indivíduos, os mecanismos da herança eram mal compreendidos. Como as mutações que estavam sendo encontradas por experimentalistas davam origem a mudanças relativamente bruscas de uma geração para outra, parecia que as características herdáveis não eram as variações sutis, sobre as quais a seleção natural atuaria, mas sim mudanças grandes. Essas mudanças, argumentavam os mutacionistas, poderiam explicar por si só a mudança evolutiva. Não seria necessária a seleção natural para explicar por que uma espécie sofre transformações ao longo do tempo; as mutações sozinhas levariam à mudança.

Em suma, os geneticistas mendelianos estavam em franco embate tanto com as ideias neolamarckistas como com as ideias darwinistas, não conferindo qualquer papel relevante à adaptação e à seleção natural. Apenas no início da década de 1920, a polarização entre o mendelismo e o darwinismo começou a diminuir e os primeiros movimentos rumo a uma reconciliação dessas duas tendências de pensamento tiveram lugar. O darwinismo ressurgiu então de seu eclipse, servindo como um dos alicerces, se não o principal, para a construção da teoria evolutiva mais influente do século XX, a *teoria sintética da evolução*.

O ressurgimento do darwinismo[7]

A síntese evolutiva foi construída com base em uma fusão do darwinismo com o mendelismo. Três pesquisadores tiveram papel destacado na história inicial dessa área: Ronald Aylmer Fisher (1890-1962) e John B. S. Haldane (1892-1964) na Inglaterra, e Sewall Wright (1889-1988) nos EUA. Ao longo da década de 1920, Fisher aplicou uma série de técnicas matemáticas que havia desenvolvido ao estudo dos efeitos da seleção sobre populações apresentando variações genéticas. Ele construiu modelos matemáticos que descreviam como a frequência de genes mudava sob o efeito da ação da seleção natural e demonstrou que a genética mendeliana permitia a compreensão de como diferenças sutis entre indivíduos seriam geradas e transmitidas para as gerações seguintes, podendo acumular-se por seleção natural. Haldane apresentou exemplos concretos que demonstravam que a seleção natural poderia ter efeitos muito mais rápidos sobre as populações do que Fisher pensara. Sewall Wright, por sua vez, considerou o papel das interações gênicas como fonte adicional de variabilidade em pequenas populações com elevadas taxas de cruzamentos entre parentes e fez, ainda, importantes contribuições

---

7   BOWLER, P. J., 1989 e 1983; MAYR, E. op. cit.

ao estudo da subdivisão das populações e da herança de características quantitativas.

Em conjunto, Fisher, Haldane e Wright demonstraram que a variação estudada por evolucionistas poderia ser explicada pela herança mendeliana e pela seleção natural. Nenhum mecanismo adicional, como a herança de caracteres adquiridos ou a ortogênese, seria necessário para explicar a evolução. Em paralelo, o trabalho de Theodosius Dobzhansky (1900-1975) apresentou de maneira acessível para cientistas com pouco treinamento matemático os avanços conseguidos por geneticistas de populações como Fisher, Haldane e Wright, resultando em uma explosão de atividade que levou à construção da teoria sintética ao longo da década de 1940. Assim, após duas décadas de eclipse, a seleção natural havia passado a ocupar um papel dominante na explicação do processo evolutivo. Essa visão marca o início de um novo período do pensamento evolutivo, chamado de *neodarwinismo*.

Hoje, a seleção natural ocupa um papel fundamental na biologia evolutiva, oferecendo respostas para um grande conjunto de perguntas que fazemos sobre o mundo que nos cerca. A seleção natural nos oferece um modo de explicar aquilo que Darwin chamou de "uma perfeição de estrutura e coadaptação que merecidamente desperta nossa admiração". O que ele tinha em mente era a possibilidade de explicar as incríveis adaptações dos organismos às características do seu meio, que, embora não sejam perfeitas, certamente despertam nossa estupefação e perplexidade. Os exemplos são inúmeros, como nas situações em que vemos um animal que parece "sumir" de nosso campo de visão, porque sua cor é semelhante ao fundo onde ele se encontra (camuflagem). Temos na teoria da seleção natural uma poderosa explicação para essa capacidade de camuflar-se. E o cenário que ela sugere é que, dentre organismos com diferentes padrões de coloração, aqueles com uma coloração que permite a camuflagem tendem a escapar com maior frequência dos predadores, deixando mais descendentes e, dessa forma, propagando aquele traço – a camuflagem – pela espécie.

A seleção natural é valiosa porque nos oferece uma base para oferecer respostas evolutivas sobre as mais diversas características dos seres vivos. Por exemplo, quando vemos um comportamento surpreendente – como o canibalismo nas aranhas –, ou uma característica elaborada – como as penas nas aves –, podemos perguntar: A seleção natural pode explicar a existência dessa característica? Sem seleção natural, essa característica poderia ter surgido e sido mantida nessa espécie? Veremos adiante que é possível realizar estudos e experimentos para responder a perguntas como essas. Em alguns casos, poderemos até descobrir que a seleção natural não explica aquela mudança, ao passo que em outros ficaremos convencidos de que ela de fato teve um papel importante nas transformações. Seja qual for a conclusão, a seleção natural nos oferece uma possível explicação, que deve ser investigada.

O poder da seleção natural como uma explicação para as adaptações e sua utilidade como base para a investigação sobre transformações evolutivas já indicam sua importância central na Biologia. Mas podemos acrescentar ainda um outro importante atributo. Ao longo dos anos, em diversos trabalhos científicos, foi possível documentar de maneira convincente que a seleção natural opera na natureza. Esses estudos fizeram que a seleção natural deixasse de ser apoiada somente em dados indiretos e passasse a ser sustentada por evidências diretas de sua ação. Os estudos que mostram a seleção natural em ação são discutidos na próxima seção.

A seleção natural em ação

Não é raro ouvirmos ataques à evolução ou à seleção natural baseados no seguinte argumento: como podemos acreditar em algo que nós "não vemos ocorrendo"?

Essa crítica possui dois erros fundamentais. Em primeiro lugar, na ciência, não precisamos necessariamente ver uma coisa "acontecendo" para crer nela. Como temos várias evidências, ainda que indiretas, da evolução por seleção natural, e como ela constitui uma explicação melhor do que as alternativas disponíveis, é perfeitamente aceitável adotá-la como uma teoria científica capaz de explicar as adaptações e a diversidade dos seres vivos existentes. Afinal de contas, há inúmeros exemplos, vindos de outras áreas da ciência, de casos em que adotamos uma teoria sem ver diretamente as coisas e os processos que ela propõe: acreditamos na existência do átomo sem necessariamente vê-lo; aceitamos a existência da gravidade sem vê-la. O caso da gravidade é bastante elucidativo. Vemos as consequências de sua existência, mas jamais a gravidade em si. Assim, mesmo que não houvesse mais do que evidências indiretas, relacionadas às consequências da seleção, teríamos bons motivos para aceitar a validade desse mecanismo como uma explicação de como a evolução ocorre. Mas, como se isso não bastasse, temos hoje evidências diretas da seleção natural em ação.

BACTÉRIAS EVOLUEM NO LABORATÓRIO[8]

A maior parte das mudanças evolutivas se dá numa escala de tempo longa, de modo que muitos anos são necessários para que possamos enxergar alguma mudança. Por esse

---

8 ELENA, S. F. & LENSKI, R. E. Evolutionary Experiments with Microorganisms: The Dynamics and Genetic Bases of Adaptations. *Nature Reviews Genetics*, 4:457-69, 2003.

motivo, revelou-se extremamente útil uma linha de pesquisa que realiza "experimentos evolutivos" em laboratório. Nestes, organismos como bactérias e vírus são criados em ambientes controlados. Como suas gerações são muito rápidas – no caso da bactéria *Escherichia coli,* cada uma se divide em duas a cada 20 min –, podem ser feitos experimentos envolvendo centenas ou milhares de gerações. Como bactérias podem ser mantidas vivas em geladeiras, torna-se possível comparar ancestrais com descendentes.

Um desses experimentos consistiu em transferir bactérias que originalmente cresciam num ambiente desprovido de glicose para um novo ambiente, no qual a glicose estava presente como fonte de energia. Após duas mil gerações, as bactérias originais (que cresceram em ambientes sem glicose e haviam sido guardadas na geladeira) foram comparadas com as suas descendentes. Essa comparação revelou que as bactérias descendentes eram muito mais eficazes para sobreviver no meio com glicose. Ou seja, conforme previsto pela teoria da seleção natural, ao longo de centenas de gerações, foram favorecidas as bactérias com maior capacidade de sobreviver num novo ambiente – aquele em que o alimento era a glicose.

Esse exemplo de evolução por seleção natural diz respeito a bactérias no laboratório. Veremos a seguir um outro exemplo da seleção natural em ação, que ocorre fora do laboratório e afeta nossas vidas.

UM EXEMPLO DE SELEÇÃO NATURAL EM NOSSO COTIDIANO

Muitas das doenças infecciosas, que afetam milhares de pessoas no mundo inteiro, são causadas por bactérias. Desde a década de 1950, o uso de antibióticos tem permitido tratar essas doenças e muitas infecções que eram fatais deixaram de representar uma ameaça à vida. Antibióticos são substâncias que matam as bactérias ou impedem sua proliferação.

O uso cada vez mais frequente e sem os devidos cuidados de antibióticos está associado a uma grave consequência, com a qual todos temos de conviver. Trata-se do surgimento de bactérias altamente resistentes a antibióticos. Há vários mecanismos biológicos que permitem essa resistência: em alguns casos, as bactérias possuem mecanismos para inativar o antibiótico; em outros, elas são capazes de "bombeá-lo" para o exterior da célula, protegendo-se. Essas bactérias resistentes, ou "superbactérias", causadoras das chamadas "infecções hospitalares", são o resultado direto da ação da seleção natural. Nesse caso, a seleção tem origem em uma ação do homem. Nós usamos antibióticos e persistem as bactérias que possuem características genéticas que lhes permitem resistir, substituindo nas populações bacterianas aquelas que não são resistentes. Com o tempo, a população de bactérias como um todo se torna resistente. É por essa razão que o uso indiscriminado de antibióticos representa uma ameaça tão grave à saúde pública: sempre que usados, antibióticos podem selecionar bactérias resistentes. Se forem usados desnecessariamente, eles não estarão trazendo nenhum benefício, mas estarão selecionando as bactérias resistentes do indivíduo que está tomando antibióticos. Assim, supondo que esse indivíduo venha a sofrer uma infecção séria, que realmente requeira o uso de antibióticos, ele terá maiores chances de estar carregando bactérias resistentes. O surgimento de populações de bactérias resistentes a antibióticos é um processo movido pela seleção natural, na qual os agentes seletivos são os antibióticos.

Esses exemplos de evolução por seleção natural são convincentes, mas referem-se a organismos unicelulares, muito menos complexos do que nós. Será que há evidências igualmente convincentes para organismos mais complexos? A seguir, examinaremos em detalhe um exemplo de evolução por seleção natural que foi documentado em peixes.

A SELEÇÃO NATURAL É CAPAZ DE MUDAR CARACTERÍSTICAS DE PEIXES EM POUCOS ANOS [9]

Lebistes são pequenos peixes de água doce, bastante usados em aquários, cujo nome científico é *Poecilia reticulata*. Em Trinidad, uma ilha do Caribe, esses peixes são encontrados na natureza, vivendo em rios e lagos. Lá, os biólogos americanos John Endler e David Reznick fizeram comparações entre populações de lebistes oriundas de diferentes localidades e encontraram diferenças interessantes entre elas. Eles notaram que as populações de lebistes que estavam sujeitas a altas taxas de predação, devido à presença de uma espécie de ciclídeo nas águas em que viviam, eram menores e atingiam a maturidade sexual mais precocemente do que as populações que habitavam águas livres do predador. Como os diferentes trechos do rio no qual viviam os lebistes eram separados por cachoeiras, havia poucas chances de os predadores terem passado de uma área para outra, assim como é difícil imaginar que os lebistes tenham conseguido mudar de local. E sabendo também que os predadores têm preferência por peixes grandes, os pesquisadores puderam propor uma hipótese para explicar as diferenças no tamanho e no tempo levado para alcançar a maturidade sexual pelos lebistes que viviam em locais com taxas altas e baixas de predação pelos ciclídeos. A hipótese era a seguinte: sendo o predador um agen-

---

9   REZNICK, D. & ENDLER, J. A. The Impact of Predation on Life-history Evolution in Trinidadian Guppies (*Poecilia reticulata*). *Evolution*, 36:160, 1982; REZNICK, D.; BRYGA, H. & ENDLER, J. A. Experimentally Induced Life-history Evolution in a Natural Population. *Nature*, 346:3579, 1990.

EVOLUÇÃO: O SENTIDO DA BIOLOGIA

te seletivo, na sua presença, os peixes que forem menores e se reproduzirem mais cedo na vida terão chances maiores de se reproduzir antes de serem predados; os seus descendentes, por serem menores, também serão menos predados, dada a preferência dos ciclídeos por lebistes maiores. Logo, os lebistes nas populações sujeitas a altas taxas de predação teriam ficado menores e sua maturação sexual mais precoce, em virtude da seleção natural associada à predação. Esse raciocínio atribui à seleção natural um papel central na explicação das diferenças entre as populações com e sem a presença de predadores.

Reznick e Endler decidiram usar uma abordagem experimental para testar a hipótese de que a seleção natural é capaz de explicar as diferenças entre as populações de lebistes (FIGURA 4). Com esse objetivo, eles realizaram uma transferência de lebistes de um trecho do rio em que havia alta predação por ciclídeos para outro, em que era encontrado outro predador, que tem preferência por lebistes pequenos. Então, eles passaram a acompanhar as mudanças nos peixes transferidos. As observações foram feitas ao longo de onze anos (de trinta a sessenta gerações de lebistes) e, após esse período, eles constataram que os peixes transferidos para os locais de baixa predação eram em média 14% maiores do que aqueles que não haviam sido transferidos, tendo sido submetidos a um regime contínuo de predação pelos ciclídeos. Além do tamanho, a idade de maturação sexual também mudou, tornando-se mais tardia nos peixes que haviam sido transferidos.

Esse resultado pode ser explicado pela seleção natural da seguinte forma. Se no ambiente com os ciclídeos a predação se dá preferencialmente sobre peixes maiores (que, em geral, estão na sua fase de maturidade sexual), os lebistes que são menores e de reprodução mais precoce tendem a deixar mais descendentes. Isso explica a observação de que, nos trechos do rio com alta predação por ciclídeos, os lebistes são, de fato, menores e apresentam maturação sexual mais precoce. Quando esses peixes são transferidos para um trecho do rio com outro predador, a ação da seleção natural muda, uma vez que os lebistes não estão mais sujeitos à pressão exercida pelos ciclídeos. A seleção natural passa a favorecer, então, peixes de tamanho maior e de maturação sexual mais lenta, o que representa um conjunto de características favorecido na presença de predadores com preferência por lebistes menores, por mostrar-se adaptativo diante de outros fatores ambientais que afetam a sobrevivência e a reprodução dos lebistes.

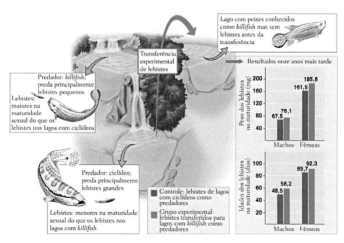

FIGURA 4. EXPERIMENTOS DE SELEÇÃO NATURAL ENTRE LEBISTES.

Antes de aceitarmos esse cenário, entretanto, precisamos considerar uma outra explicação para essas diferenças. É possível que algum outro fator presente no ambiente, diferente da predação, explique as diferenças entre os peixes nas regiões com diferentes predadores. Por exemplo, os nutrientes disponíveis podem ser diferentes entre os ambientes e essa diferença nutricional – e não a presença do predador – pode ser a explicação para a diversidade observada. Reznick e Endler sabiam que essa interpretação alternativa era possível, por isso realizaram um experimento para testá-la. Eles levaram os peixes das populações sujeitas a diferentes predadores para o laboratório e os criaram por várias gerações sob condições ambientais idênticas. Eles notaram que as diferenças originalmente presentes entre as populações se mantiveram. Esse resultado sugere que as variações entre as populações expostas a diferentes predadores possuem uma base genética – o que é compatível com diferenças que são produzidas por seleção natural – e que outras diferenças entre os ambientes, que não os predadores, não podem explicar as disparidades observadas entre as populações de lebistes.

Qual é a relevância desse experimento para a nossa compreensão da evolução? Em primeiro lugar, ele demonstra de maneira clara que diferenças que observamos entre populações na natureza podem ser explicadas pela ação da seleção natural. Em segundo lugar, o experimento mostra que uma mudança relativamente grande (um aumento do tamanho corporal de até 14%) pode ocorrer em relativamente pouco tempo, quando há seleção natural causada por predação. Os autores se debruçaram sobre essa quantidade de mudanças e se perguntaram: afinal de contas, é muito um aumento de 14% em cerca de sessenta gerações causado por seleção natural? Para responder a essa pergunta, eles compararam essa velocidade de mudança com aquela observada no registro fóssil. Neste último caso, ela foi estimada pela quantidade de mudanças observada entre organismos para os quais possuímos registro fóssil e sabemos aproximadamente quando viveram. O que eles descobriram foi que as mudanças observadas nos lebistes haviam ocorrido de maneira muito mais veloz, chegando a ser um milhão de vezes mais rápidas do que a velocidade de mudança observada nos fósseis. Ou seja, se a seleção natural dá conta de explicar as mudanças que vemos em populações de lebistes, ela é certamente capaz de explicar as diferenças que observamos no registro fóssil. Reznick e Endler concluíram que, mesmo que o experimento com os lebistes não possa *provar* que a seleção natural foi responsável pelas mudanças que ocorreram no passado, registradas nos fósseis, ele mostra que a seleção natural é uma explicação plausível para as grandes mudanças evolutivas que ocorreram na história da vida na Terra.

Aplicando a lógica da seleção natural ao caso das aranhas canibais[10]

Os exemplos que vimos mostram como a mudança evolutiva causada por seleção natural pode ser testemunhada de forma direta, com experimentos feitos no laboratório e na natureza. Mas podemos também estudar a seleção natural sem necessariamente testemunhá-la em ação. Para tanto, podemos investigar as consequências da seleção natural, verificando se alguma característica de um ser vivo poderia ter surgido por seleção natural. Em aranhas *Latrodectus hasselti*, cujo nome popular é *australian redback* (por causa de seu dorso vermelho), as fêmeas comumente devoram os machos durante a cópula. Mas, o que é mais surpreendente, os machos não são vítimas passivas. Durante a cópula, eles dão uma cambalhota e acabam posicionando-se diante do aparelho mastigatório da fêmea, apresentando o que chamaremos de *cumplicidade* com o ato de canibalismo, do qual eles mesmos são vítimas. Como po-

10 JOHNS, P. M. & MAXWELL, R. M. Sexual Cannibalism: Who Benefits? *Trends in Ecology and Evolution*, 12:127, 1997.

demos aplicar conceitos evolutivos e, em particular, os princípios da seleção natural, para compreender esses comportamentos?

O canibalismo sexual exibido pelas fêmeas e a cumplicidade dos machos dessa espécie de aranha representam charadas evolutivas. Por que as fêmeas matam indivíduos de sua própria espécie com os quais poderiam acasalar no futuro? Por que os machos não tentam proteger-se das fêmeas? Será que há alguma maneira de um macho se beneficiar de estar sendo devorado?

Há dois cenários principais que, por meio da seleção natural, buscam explicar o comportamento canibalístico e a cumplicidade dos machos: o primeiro sugere que a fêmea deixa mais descendentes com esse comportamento – ou seja, possui uma maior fecundidade. O segundo sugere que os machos que se deixam canibalizar deixam mais filhos do que os outros. Vamos examinar essas duas possibilidades em detalhe.

O CANIBALISMO BENEFICIA AS FÊMEAS?

Vamos supor que os machos representem uma boa refeição para as fêmeas. Nesse caso, as fêmeas com comportamento canibalístico terão mais nutrientes disponíveis para investir nos seus ovos, permitindo-lhe gerar mais filhos, que, por sua vez, tenderão a apresentar o mesmo comportamento. Esse é um cenário de "conflito de interesses": a fêmea se beneficia ao devorar o macho e este, devorado, deixa de ter chances de reproduzir-se novamente. A seleção natural estaria atuando de maneira antagônica nos dois sexos. Em várias espécies de aranhas, esse cenário é uma boa explicação para o comportamento canibalístico. Uma evidência a favor dessa explicação vem, nesses casos, do comportamento dos machos durante a cópula: em várias espécies, eles se aproximam de modo cauteloso e há exemplos de machos que imobilizam as fêmeas com seda, antes de iniciar a cópula, para garantir sua integridade. Esses são exemplos de situações em que os machos estão defendendo-se da fêmea, expondo a situação de conflito entre os sexos.

O cenário segundo o qual as fêmeas seriam as únicas beneficiárias do comportamento canibalístico não parece ser aplicável para a *australian redback,* pelo simples fato de os machos dessa espécie apresentarem um comportamento de cumplicidade: eles se entregam ativamente às fêmeas durante a cópula.

A CUMPLICIDADE BENEFICIA OS MACHOS?

Uma alternativa seria supor que os interesses não são necessariamente antagônicos. Suponha que as fêmeas canibais obtêm um grande aumento em seu sucesso reprodutivo. Paradoxalmente, os machos que tiverem filhos com essas fêmeas serão, ao mesmo tempo, aqueles menos capazes de contribuir *diretamente* para gerações futuras por meio de novas cópulas – visto que foram canibalizados –, e também aqueles que deixarão mais descendentes para a próxima geração – uma vez que a mãe de seus filhos, devido ao canibalismo que os vitimou, apresenta uma fecundidade aumentada. Esse cenário favoreceria a evolução de um comportamento de cumplicidade nos machos, que se deixariam canibalizar.

No caso da *australian redback,* esse cenário é pouco plausível, porque os machos são muito menores do que as fêmeas (representam apenas de 1 a 2% da massa delas). Consequentemente, quando se sacrificam, os machos não estariam contribuindo quase nada, do ponto de vista nutricional, para a fêmea. A chave para o comportamento de cumplicidade deve estar em outro lugar.

SER CANIBALIZADO PODE AUMENTAR O SUCESSO REPRODUTIVO? [11]

Para investigar a evolução do comportamento canibalístico da *australian redback,* a pesquisadora Maydianne Andrade utilizou uma abordagem experimental. Ela expôs alguns machos dessa espécie à radiação, de modo que os óvulos que eles viessem a fecundar seriam reconhecíveis, por também conterem radiação. No laboratório, ela realizou 22 ensaios nos quais apresentou dois machos para uma fêmea, que nunca havia copulado antes. Como um dos machos era marcado radioativamente, e o outro não, era possível comparar o sucesso com que cada um fecundava os ovos. Andrade pôde, então, comparar o número de óvulos fecundados por um macho que se deixava canibalizar com o número fecundado por um que resistia ao ataque da fêmea.

Seu experimento encontrou algo surpreendente. Maydianne mostrou que, dos ovos produzidos pelas fêmeas, em média 235 deles eram fecundados por um macho que se deixava canibalizar, ao passo que apenas 115 eram fecundados por um macho que sobrevivia à cópula (pois nem todos os machos dessa espécie têm esse comportamento "suicida"). Portanto, um macho que se deixa devorar pela fêmea fecunda *praticamente o dobro* de ovos em comparação com um macho que resiste ao canibalismo. Por que o comportamento de cumplicidade traria essa mudança no número de óvulos que um macho consegue fecundar? A resposta foi encontrada por meio de um cuidadoso acompanhamento da reprodução dessas aranhas.

Na *australian redback,* a cópula continua mesmo enquanto a fêmea está devorando o macho. Quando há canibalismo, a cópula prolonga-se para até 15 min, quase o dobro do tempo em relação aos casos em que o macho se protege. A duração maior resulta do fato de a fêmea estar

---

11 ANDRADE, M. Sexual Selection for Male Sacrifice in the Australian Redback Spider. *Science*, 271:70-2, 1996.

ocupada alimentando-se do macho, enquanto ele a fecunda. Como é ela que determina a duração da cópula, o "presente" que o macho oferece a mantém ocupada, e a cópula mais longa permite que o macho transfira mais espermatozoides, fertilizando mais óvulos. Parece, portanto, que a cumplicidade do macho da *australian redback* com o canibalismo aumenta o número de descendentes que ele deixará, ao passo que, para a fêmea, o canibalismo não tem muita consequência.

Pela lógica da seleção natural, se o comportamento de cumplicidade possui uma base genética, os filhos herdaram esse comportamento. Como os machos com esse comportamento tendem a deixar mais filhos do que os demais, esse comportamento, uma vez originado, tende a espalhar-se pela população, substituindo as outras formas, como, por exemplo, o comportamento de fuga.

Antes de aceitar essa teoria, Andrade considerou alguns problemas. Por mais que o comportamento de cumplicidade traga benefícios ao macho, é importante notar que, ao sacrificar-se, ele reduz a zero suas chances de contribuir para gerações posteriores. Será que evolutivamente não seria ainda mais benéfico resistir ao ataque, mantendo as chances de fertilizar outras fêmeas em gerações futuras, em vez de sacrificar-se em uma única geração, mesmo dobrando o número de ovos fertilizados? A resposta para essa pergunta veio da observação da sobrevivência dessas aranhas em condições naturais. Raramente machos dessa espécie de aranha conseguem copular mais de uma vez, mesmo quando sobrevivem à cópula, pois esta danifica os órgãos usados na fertilização e poucos machos sobrevivem ao deslocamento entre teias de diferentes fêmeas. Consequentemente, do ponto de vista evolutivo, os machos que se deixam devorar têm chance de fertilizar muito mais ovos do que aqueles que sobrevivem à cópula.

O trabalho de Andrade também mostrou que as fêmeas que devoram machos tendem a não copular com outros posteriormente. A consequência disso é que ela dedicará todos os seus recursos para os descendentes do macho que foi morto. Mais uma vez, o comportamento de cumplicidade se traduz num benefício, garantindo ao macho um maior sucesso na fertilização dos ovos.

Essa argumentação se baseia num raciocínio evolutivo: os machos que apresentam o comportamento de cumplicidade diante do ataque da fêmea tendem a deixar mais descendentes do que os que resistem. Dessa forma, se o comportamento de cumplicidade for herdável, a geração subsequente terá um aumento no número de machos com esse comportamento. Essa perspectiva nos ajuda a compreender outra questão desafiante: de onde vem a "vontade" do macho de comportar-se dessa maneira? Em que consiste o processo que leva um macho a "decidir" pela adoção de um comportamento passivo? A evolução oferece algumas respostas a esse dilema. Pode ser, por exemplo, que a decisão de comportar-se daquela maneira não seja simplesmente uma "escolha" daquele indivíduo, e sim o resultado de um processo seletivo em seus ancestrais. A escolha pode estar, na realidade, embutida na história evolutiva dessa espécie, o que levou o comportamento a existir. Um indivíduo, ao permitir a canibalização, está colocando em ação um comportamento que foi favorecido ao longo da evolução, e não escolhido no instante em que ele deve decidir como agir.

A seleção natural explica tudo?

A seleção natural mudou profundamente nossa maneira de compreender a natureza. Aprendemos que ela é capaz de produzir mudanças nas características de populações e espécies, como vimos por meio dos exemplos da evolução dos lebistes e de bactérias em laboratório e na natureza. A seleção natural nos ajuda a compreender características do mundo natural, como o excêntrico comportamento de cumplicidade dos machos da aranha *australian redback*. E ainda nos oferece uma explicação para as *adaptações* que vemos na natureza. Características adaptativas são aquelas que se tornaram frequentes na população porque favoreceram a sobrevivência e/ou reprodução de seus portadores na circunstância ambiental em que evoluíram. Essas características são muitas vezes aquelas que mais nos chamam a atenção, oferecendo exemplos de um belo encaixe entre um desafio que o organismo enfrenta num determinado ambiente e a solução encontrada para resolvê-lo.

A ampla aceitação do mecanismo de seleção natural na comunidade científica, a despeito das controvérsias que discutiremos a seguir, levou à superação de um modo de explicar as adaptações baseado na ação sobrenatural, divina, comum na comunidade de naturalistas até meados do século XIX. Ao aceitarmos a seleção natural, não é mais necessário invocar um poder criativo divino para explicar as adaptações: a triagem das diversas variantes existentes nas populações dos seres vivos, que ocorre continuamente no mundo natural, é capaz de modificar essas populações, tornando-as adaptadas ao seu ambiente.

Esse modo de explicar as adaptações, centrado em mudanças na composição de populações devido ao sucesso diferenciado dos seus indivíduos, é muito diferente do modo de explicar baseado na ação divina. Uma das principais diferenças reside no contraste entre o *pensamento populacional*, característico do primeiro modo de explicação, e o *pensamento tipológico*, próprio do segundo.[12] De acordo

---

12 MAYR, E. 1975. Typological Versus Population Thinking. In: SOBER, E. *Conceptual Issues in Evolutionary Biology*. Cambridge-MA: The MIT Press, 1994;

com o pensamento tipológico, os organismos de uma dada espécie são cópias imperfeitas de um tipo ideal, que teria sido produzido, no caso do pensamento criacionista, por um Criador. Podem até ocorrer variações nesse tipo ideal nos diferentes organismos, mas essas mudanças nunca poderão dar origem a uma nova espécie e são consideradas desvios da perfeição do tipo. O pensamento populacional, por sua vez, trata cada espécie como uma coleção de populações de indivíduos com muitas diferenças genéticas. As populações mudam de geração em geração, dependendo das combinações de características que são geradas e do maior ou menor sucesso de cada combinação (ver FIGURA 3). As visões populacionais sobre a natureza das espécies não propõem, como no caso do pensamento tipológico, que exista para uma espécie um limite superior para a quantidade de mudança evolutiva. Ao longo de muitas gerações, uma espécie pode ser transformada em sua aparência, em seu comportamento ou em sua constituição genética. Esse processo de mudança pode até mesmo resultar no surgimento de novas espécies, se a diferenciação entre uma espécie ancestral e suas descendentes aumentar o suficiente. Isso é consistente com o que observamos na natureza. A diversidade é a regra nas populações, sendo bastante incomum no mundo natural a existência de conjuntos de indivíduos uniformes. O pensamento populacional está na base da visão de mundo dos biólogos. Para realmente entender a Biologia é fundamental assimilar esse modo de pensar, intimamente associado com a compreensão moderna da evolução.

Na biologia evolutiva, encontramos um grupo muito representativo de cientistas que enfatizam a capacidade da seleção natural de gerar um estado na natureza em que os

---

SOBER, E. 1980. Evolution, Population Thinking, and Essentialism. In: SOBER, E. op. cit.

organismos são adaptados ao ambiente em que vivem. Esses cientistas têm sido chamados de *adaptacionistas*. Os biólogos adaptacionistas, diante de uma característica de um ser vivo, se perguntam: como a seleção natural poderia explicar o surgimento dessa característica? O adaptacionismo ocupou um lugar importante na Biologia moderna e, sem dúvida, aprendemos muito com ele. Entretanto, ele também foi alvo de críticas.

Quais críticas podem ser feitas ao raciocínio adaptacionista, que prioriza interpretações baseadas na seleção natural? O ataque mais feroz foi feito por dois evolucionistas da Universidade de Harvard, Stephen Jay Gould (1941-2002) e Richard Lewontin (1929-), num influente artigo publicado em 1978.[13] Eles argumentaram que era importante considerar alternativas à abordagem que supõe que todos os caracteres que vemos podem ser explicados pela seleção natural. Algumas das alternativas ao pensamento adaptacionista são discutidas a seguir.

O ACASO TEM UM PAPEL NO PROCESSO EVOLUTIVO[14]

Há mudanças evolutivas que acontecem por mero acaso. Por exemplo, imagine uma população de organismos na qual há variação para a cor do pelo, mas para a qual possuir uma pelagem mais clara ou escura não traz qualquer alteração nas chances de sobrevivência dos indivíduos. Nessa população, se uma ou outra coloração de pelagem vier a predominar, isso terá sido o resultado do mero acaso. Note também que mesmo que uma cor, digamos a escura, traga alguma vantagem, é possível que a branca predomine. Isso pode acontecer porque a contribuição de uma

---

13 GOULD, S. J. & LEWONTIN, R. The Spandrels of San Marco and the Panglossian Paradigm: A Critique of the Adaptationist Programme. *Proceedings of the Royal Society of London* B 205:581-98, 1978.

14 KIMURA, M. *The Neutral Theory of Molecular Evolution*. Cambridge: Cambridge University Press, 1983.

coloração mais escura da pelagem para a sobrevivência pode ser pequena, prevalecendo um efeito do acaso, que tem um papel na vida de qualquer ser vivo. Mesmo que um animal seja "mais bem equipado" no que diz respeito à sua pelagem, isso não lhe dá garantia de que irá superar os outros reprodutivamente. A vantagem que a coloração da pelagem lhe dá resulta somente em uma maior chance de deixar mais descendentes, mas não determina que ele superará os demais organismos de sua população. O acaso pode intervir: uma onça pintada que nos pareça, entre os indivíduos de sua população, a "mais bem equipada" para sobreviver na região onde vive pode sofrer algum acidente, pode ter o azar de ser abatida, por exemplo, por caçadores, e nenhuma das características que lhe conferem maior chance de reproduzir-se com sucesso, em relação aos demais de sua população, pode ser suficiente para resistir aos tiros de uma arma de fogo. Dessa forma, aquela onça deixará de passar adiante as características favoráveis que apresenta e outros indivíduos, a princípio menos "bem equipados" do que ela, terão, afinal, mais sucesso, por um efeito do acaso.

O reconhecimento de que o acaso pode ter um papel no processo evolutivo foi importante nas investigações sobre a variação genética dentro de espécies. No final da década de 1960, descobriu-se que, na maior parte das espécies, existe um grau considerável de variação genética. Em humanos, por exemplo, cerca de 12% dos genes que herdamos de nossos pais são diferentes daqueles que herdamos de nossas mães. Isso sugere que há um considerável estoque de variantes genéticas presentes na população em qualquer momento. O que explica a existência dessa variação? O geneticista Motoo Kimura (1924-1994) propôs, em 1968, a *teoria neutra da evolução molecular*, segundo a qual a maior parte das variantes genéticas que são constantemente criadas pelo processo de mutação persiste ou não numa população por acaso, e não por um efeito da seleção natural favorável ou contrária a tais variantes. A mudança na constituição genética de uma população, resultante do acaso, é chamada de *deriva genética*. A razão pela qual o acaso teria tamanha importância nas transformações genéticas, argumentava Kimura, residia em que a maior parte das variantes genéticas que persistem numa população são evolutivamente equivalentes – ou seja, em geral nenhuma é superior às outras. Utilizando modelos matemáticos, Kimura argumentou que, mesmo sem seleção natural, esperaríamos observar uma diversidade genética elevada, semelhante àquela que é de fato observada nas populações naturais.

A SELEÇÃO NATURAL NÃO RESULTA EM ORGANISMOS PERFEITOS OU "ÓTIMOS" [15]

A seleção natural resulta das diferenças nas taxas de sobrevivência e reprodução entre indivíduos de uma população. Desse modo, quando observamos resultados da seleção natural, como as características que contribuem para a adaptação de uma população de onças pintadas ao ambiente no qual esses animais vivem, não devemos imaginá-las perfeitas ou como se os organismos que as apresentam fossem ótimos para aquele ambiente. As características adaptativas, na história evolutiva de uma espécie, somente permitiram que os organismos que as apresentavam tivessem mais sucesso, relativamente a outros organismos da mesma população, na sobrevivência e reprodução em um determinado ambiente. Elas seriam perfeitas e seus portadores, organismos ótimos, somente se toda a variação possível estivesse

---

15 VAN VALEN, L. A New Evolutionary Law. *Evolutionary Theory*, 1:1-30, 1973; LEWONTIN, R. *A tripla hélice*: gene, organismo e ambiente. São Paulo: Companhia das Letras, 2002.

presente em uma dada população, em um dado momento da história evolutiva, mas isso, é claro, nunca acontece. Assim, as características selecionadas são sempre as mais favoráveis dentro de um espectro de variações disponíveis numa população, e não características que se mostram perfeitas diante de desafios que o ambiente apresenta para os organismos.

Considere, além disso, que o ambiente está sempre se modificando, tanto em decorrência de processos que não dependem dos organismos, por exemplo alterações geológicas, como por causa da ação contínua dos seres vivos sobre ele. A evolução por seleção natural é um processo que persegue, por assim dizer, um "alvo móvel": as condições ambientais que estabelecem os desafios aos quais os organismos responderão estão continuamente mudando, em parte por causa das atividades dos próprios organismos. Em 1973, o biólogo evolutivo Leigh Van Valen exprimiu essa situação, que denominou o "paradoxo da Rainha Vermelha". No livro *Através do espelho*, Lewis Carroll nos conta a história da rainha de um jogo de xadrez que tinha de correr o tempo todo para permanecer no mesmo lugar, uma vez que o chão se movia sob seus pés. De maneira similar, os organismos, para se manterem adaptados ao ambiente no qual vivem, têm de perseguir o tempo todo um alvo móvel, ou seja, condições ambientais que estão, elas próprias, sempre mudando. É claro que se trata de uma analogia, de modo que, no caso dos organismos, eles não correm literalmente atrás de ambiente algum, mas o processo de seleção natural continuamente os ajusta a um ambiente mutável. Essa é outra razão pela qual um raciocínio comum se mostra equivocado, quando examinamos com cuidado o modo como ocorre a evolução por seleção natural. Muitas pessoas pensam que, se os organismos estão sendo continuamente selecionados de modo a se adaptarem às condições ambientais nas quais vivem, a evolução deverá fazer que as populações se tornem, com o passar do tempo, cada vez mais capazes de sobreviver nesses ambientes, alcançando, por fim, uma condição ótima, na qual os organismos e suas características estariam perfeitamente adaptados à vida nessas condições. Isso não acontece, contudo, por duas razões. Primeiro, como discutimos anteriormente, o espectro de variações sobre o qual a seleção natural opera nunca contém todas as variações possíveis e os organismos favorecidos são somente aqueles "mais bem equipados" relativamente aos demais indivíduos de sua população. Segundo, o ambiente está continuamente mudando, inclusive em consequência das ações dos organismos.

A SELEÇÃO ATUA SOBRE O ORGANISMO COMO UM TODO, NÃO SOBRE SUAS PARTES

Ao buscarmos uma explicação adaptativa para a forma de uma estrutura específica, corremos o risco de esquecer que a seleção sobre esta deve ser pensada levando em conta o restante do ser vivo do qual ela é parte. O caso do canibalismo nas aranhas nos oferece um exemplo. Em muitas espécies, diferentemente do que vimos no caso da *australian redback*, não há evidências de que este comportamento traga benefícios. A aranha pescadora é um exemplo. Nessa espécie, o sucesso reprodutivo das fêmeas está associado ao tamanho que elas atingem ao término de sua fase juvenil: fêmeas maiores têm mais filhos. O tamanho também está relacionado à agressividade exibida pelas fêmeas, quando buscam alimento. As aranhas mais agressivas comem mais, crescem mais na fase juvenil e se tornam mais fecundas. Dessa forma, há seleção a favor de uma maior agressividade das fêmeas, o que pode traduzir-se em um comportamento agressivo, que, por sua vez, pode resultar no canibalismo sexual. O canibalismo, nesse caso, não traria benefício nenhum à fêmea: sua fecundidade não seria alterada pela refeição. O macho também não obteria qualquer benefício. É possível, portanto, que o comportamento da fêmea seja apenas um subproduto de um processo seletivo que favorece outro conjunto de comportamentos, nesse caso, uma alta agressividade juvenil.

A evolução humana também nos oferece um exemplo de como mudanças numa única característica podem trazer benefícios e desvantagens. A postura bípede surgiu em nossa linhagem evolutiva há cerca de seis milhões de anos e é provável que a seleção natural tenha favorecido os primeiros bípedes, levando à disseminação dessa postura entre nossos ancestrais. Entretanto, junto com as vantagens que essa mudança trouxe vieram também problemas. A reorganização da bacia, que permitiu a adoção da postura bípede, causou um estreitamento do canal de parto. Dessa forma, o potencial para o aumento do cérebro em nossa linhagem evolutiva foi freado por um impedimento mecânico (simplesmente, um crânio maior não passaria pela bacia estreita). Esse conflito entre as vantagens trazidas pela postura bípede e a restrição que ela impunha à expansão cerebral resultou numa nova forma de pressão seletiva, que favoreceu mudanças que permitissem conciliar a postura bípede com a expansão cerebral. Essa pressão seletiva levou a uma mudança no ritmo de crescimento do cérebro; este passou a crescer de modo mais veloz após o parto, permitindo que um volume cerebral maior fosse alcançado.

UMA CARACTERÍSTICA FUNCIONAL PODE NÃO SER UMA ADAPTAÇÃO[16]

Considere a simples observação de que aves possuem penas. Como as aves são capazes de voar e as penas são estruturas fundamentais para esse fim, parece natural a suposi-

---

16 GOULD, S. J. & VRBA, E. Exaptation: A Missing Term in the Science of Form. *Paleobiology*, 8:4-15, 1982; JACOB, F. Evolution and Tinkering. *Science*, 196:1161-6, 1977.

ção de que as penas surgiram porque conferiam aos indivíduos que as possuíam a vantagem de permitirem o voo. Essa ideia fica ainda mais forte quando consideramos como os aspectos da estrutura das penas as tornam ideais para a função de voo: por exemplo, as penas das asas das aves geralmente são grandes, duras e com extremidades afiladas, podendo ser torcidas como se cada uma delas fosse a pá de uma hélice. A conclusão de que a seleção natural teria favorecido o surgimento de penas por causa de sua função no voo das aves parece, assim, bastante razoável. Mas a questão não é tão simples. Podemos analisá-la de forma diferente.

Para isso, começamos por situar as aves num contexto histórico, para descobrir quais são seus parentes mais próximos na árvore da vida. Hoje possuímos uma série de evidências de que aves e dinossauros possuem um estreito parentesco. Essa ideia se baseia no estudo da morfologia de aves e dinossauros, o qual revelou diversas estruturas partilhadas por esses animais. E, mais importante, recentemente foram descobertos fósseis de animais com uma morfologia característica de dinossauros, mas revestidos por uma camada de penas: dinossauros plumosos! Esses achados mostram que as penas surgiram antes de existirem as aves, antes mesmo de haver organismos com características morfológicas que sugerissem a presença da capacidade de voar. Para que serviriam as penas se os animais que originalmente as possuíram não voavam? Há diversas ideias, nenhuma delas universalmente aceita. Como é comum na comunidade científica, pela própria natureza da ciência, essa é uma questão em aberto, objeto de controvérsias. Uma hipótese mais aceita, dentre as que têm sido consideradas pela comunidade científica, é a de que dinossauros eram capazes de regular sua própria temperatura, assim como os mamíferos, e, desse modo, como penas constituem um excelente isolante térmico, elas exerceriam a função de preservar o calor gerado pelo corpo daqueles organismos. Assim, as penas teriam inicialmente surgido e proliferado porque formavam um ótimo "casaco". Posteriormente, teriam sido utilizadas para a função de auxiliar o voo, o que fazem tão bem.

A interpretação que reconhece que as penas surgiram, em princípio, para uma função diversa da atividade de voar tem a característica crucial de que dissocia a função *atual* da estrutura da função que ela exercia *quando surgiu*. Stephen Jay Gould (1941-2002) e Elizabeth Vrba propuseram que fosse usado o termo *exaptação* para as características que passam a cumprir uma função nova, diferente da que desempenhavam em sua origem. Assim, de acordo com essa terminologia, penas são uma exaptação para o voo (pois seu surgimento não está associado a essa função), mas podem ter sido uma *adaptação* para a termorregulação nos dinossauros, caso seu surgimento e sua disseminação tenham sido na origem favorecidos por essa função.

François Jacob encontrou uma forma clara de exprimir a importância desses "re-aproveitamentos" de características no processo biológico: para ele, a evolução caminha por um processo de "bricolagem", e não de engenharia. A bricolagem, sendo uma atividade criativa de construir novos objetos utilizando peças disponíveis, pedaços de sucata, sobras de outros projetos, contrasta com a atividade de construção planejada, na qual as peças necessárias são detalhadamente desenhadas e moldadas, para desempenhar exatamente a função que desejamos.

A função das penas no voo de aves é um dos muitos exemplos de como a evolução "utiliza" o que tem à sua disposição, para originar novas estruturas, capazes de realizar novas tarefas (sem o tipo de ação consciente, é claro, que encontramos na bricolagem realizada pelos seres humanos). Na evolução, as coisas não são feitas do zero, mas produzidas com base em algo que já existe. O exemplo também mostra como o pensamento biológico frequentemente depende, para ser aplicado corretamente, de uma perspectiva histórica: foi necessário olhar para as relações entre aves e dinossauros, situando a origem das penas no tempo, para descobrir como elas foram aproveitadas para uma função distinta daquela que tinham inicialmente.

O ADAPTACIONISMO É UMA ABORDAGEM ACEITÁVEL? [17]

As reflexões expostas anteriormente representam críticas à visão estritamente adaptacionista da natureza. Será que o estudo da evolução com ênfase na seleção natural está em crise? Será que um biólogo que se pergunta "Como a seleção natural explica a existência dessa característica?" estará cometendo um erro?

O fato de a seleção natural não explicar tudo que vemos no mundo natural de modo algum diminui sua importância. A cuidadosa ponderação dos papéis de diferentes processos, lado a lado com a seleção natural, longe de enfraquecer, apenas reforça o poder do estudo das adaptações. Isso porque, em vez de assumirmos que a seleção natural atuou para preservar ou eliminar uma determinada característica, poderemos realizar, diante de uma diversidade de explicações possíveis, testes para sondar sua importância. Poderemos comparar o mérito das explicações adaptacionistas e de outras formas legítimas de explicar as características dos seres vivos.

Ao longo deste capítulo, vimos que o papel da seleção natural pode ser entendido de várias maneiras, dependendo do caso que estamos examinando. De um lado, no caso dos machos da *australian redback*, descobrimos que seu surpreendente comportamento de cumplicidade pode ser explicado de maneira adaptacionista, dado que seu su-

---

17 GOULD, S. J. & LEWONTIN, R. op. cit.; MAYR, E. How to Carry Out the Adaptationist Program? *The American Naturalist*, 121:324-33, 1983.

cesso reprodutivo é aumentado graças ao seu autossacrifício. De outro, vimos que na aranha pescadora o canibalismo em si não parece existir por trazer qualquer vantagem, seja para fêmeas ou para machos: ele existe como um efeito colateral do fato de as fêmeas terem sido selecionadas para serem agressivas (essa sim uma característica vantajosa), ou seja, o canibalismo se manifesta como uma consequência indireta da agressividade.

Em outros casos, o acaso poderá fornecer a melhor explicação para alguma característica de um ser vivo; por exemplo, muitas das diferenças entre seres humanos existem por mero acaso, e não porque alguma variante seja particularmente melhor do que outra. Finalmente, vimos como uma característica pode ser extremamente eficaz para realizar uma função, como as penas no voo, mas isso não implica que ela tenha sido originalmente uma adaptação para aquela atividade. Nesses casos, uma característica foi simplesmente "aproveitada" para a função que ela realiza com tanta eficiência. Não se pode, portanto, deduzir que uma característica é uma adaptação baseada em um aparente "encaixe", pura e simplesmente, entre a característica e uma determinada função. Para chegar à conclusão de que uma característica é uma adaptação, é preciso examiná-la numa perspectiva histórica, situando no tempo o seu surgimento e o momento em que ela passou a desempenhar uma função específica. Quando fizemos esse raciocínio com as penas, aprendemos que elas são *exaptações* para a atividade de voo, pois seu surgimento antecede seu uso para essa função. A importância dessa descoberta é que, por mais que as penas sejam eficazes na função de voar, as explicações adaptativas para seu surgimento devem ser baseadas em funções diferentes.

Podemos concluir, enfim, que a pergunta "Como a seleção natural explica a existência dessa característica?" é perfeitamente aceitável para alguém que quer estudar a natureza. Mas essa pergunta só poderá ser perseguida com sucesso se o investigador permanecer atento a uma diversidade de explicações alternativas para a existência da característica, incluindo desde a de que "ela existe porque a seleção natural a favoreceu diretamente" até a de que "sua presença resulta do acaso". Se essas alternativas forem consideradas, a verdadeira complexidade do processo evolutivo estará sendo estudada, e a seleção natural, o acaso, a história, as relações entre características dos seres vivos poderão ter suas contribuições devidamente examinadas.

O poder e o limite da seleção natural foram os temas deste capítulo. Entretanto, o estudo do papel da seleção natural na evolução levanta novas questões. O que exatamente é selecionado? A seleção consegue explicar as grandes mudanças que ocorreram na história da vida? Será que ela é um mecanismo eficaz na geração de mudanças evolutivas? No capítulo seguinte, nosso objetivo será explorar essas perguntas em detalhe.

4 Debates atuais na biologia evolutiva

A biologia evolutiva é construída em torno de duas grandes ideias. Em primeiro lugar, a de que todos os seres vivos são aparentados uns aos outros, em decorrência do processo de descendência com modificação. Em segundo lugar, a de que a seleção natural nos oferece um mecanismo poderoso para compreender como esse processo de mudança ocorre.

Podemos pensar na teoria evolutiva em duas perspectivas. De um lado, ela nos oferece respostas sobre o mundo vivo. Vimos isso em diversos exemplos: o raciocínio selecionista nos ajudou a compreender o comportamento dos machos da viúva-negra, ao passo que o raciocínio filogenético – isto é, aquele que situa uma espécie na árvore da vida – revelou-nos que as penas existiram antes das aves. Nesse sentido, a evolução pode ser vista como uma ferramenta que nos ajuda a dar sentido ao mundo natural. De outro, a biologia evolutiva é em si um alvo de investigação científica, na medida em que muitas questões sobre o parentesco entre os seres vivos e os mecanismos que levam às mudanças representam desafios a essa ciência.

Muitos dos problemas que os evolucionistas enfrentam nasceram da própria pesquisa sobre evolução. Vimos, por exemplo, que a seleção natural é uma teoria capaz de explicar diversos aspectos da variação do mundo natural. Mas é justamente a compreensão de que nem sempre ela oferece explicações inteiramente satisfatórias – como discutimos na seção "A seleção natural explica tudo?", do Capítulo 3 – que indica a necessidade de respostas alternativas. Assim, a própria utilização do pensamento evolutivo para compreender os seres vivos e sua história gerou situações em que alternativas às teorias vigentes precisaram ser buscadas para que a própria biologia evolutiva pudesse avançar.

Neste capítulo, vamos tratar de alguns dos desafios que a teoria evolutiva neodarwinista enfrenta atualmente. Examiná-los será um exercício valioso, porque nos oferecerá um retrato dos tipos de pergunta sobre a evolução que, por não poderem ser respondidas de modo simples, ainda suscitam debates. Veremos que há discordância entre os evolucionistas sobre quais são as melhores respostas para determinadas questões. Examinaremos se esses debates, de alguma forma, colocam em xeque os princípios básicos da teoria neodarwinista. Além disso, vislumbraremos campos da Biologia que estão na fronteira do conhecimento, gerando novas informações que ajudam a responder a algumas das principais questões que enfrentamos. Ao longo dessa discussão, perceberemos que é natural que existam debates a respeito de muitas questões sobre a evolução, pela própria complexidade desse processo. Veremos também que não é realista – como no caso de muitos problemas científicos – esperar que não existam quaisquer questões em aberto a respeito de como a evolução ocorre.

Vamos investigar os debates evolutivos por meio da discussão de dois temas. Primeiro, apresentaremos um conjunto de ideias, defendidas pelo paleontólogo Stephen Jay

Gould, sobre os desafios enfrentados pela teoria evolutiva neodarwinista.[18] Em seguida, apresentaremos resultados vindos de uma das áreas mais ativas da Biologia: o estudo da evolução do desenvolvimento. Veremos que essa área é capaz de lançar luz sobre questões evolutivas antigas, que nos acompanham desde os tempos de Darwin, e oferece respostas a algumas das perguntas formuladas por Gould.

Três desafios para o neodarwinismo

Para entendermos como a seleção natural atua sobre os seres vivos, precisamos responder a três perguntas centrais:

1. Considerando-se que as formas de vida na Terra abrangem vários níveis de organização, desde moléculas até ecossistemas, passando por células, tecidos, organismos, populações etc., surge a pergunta: em qual desses níveis a seleção natural atua?

2. A seleção natural é capaz de cumprir um papel positivo na evolução, ou seja, ela é capaz de explicar não somente a eliminação do menos adaptado, mas também o surgimento do mais adaptado?

3. Aceitamos que a seleção natural explica as pequenas alterações evolutivas, mas ela também é capaz de explicar as grandes mudanças na árvore da vida?

Para Stephen Jay Gould, as respostas a essas três perguntas constituem o núcleo mais central da teoria darwiniana da evolução, juntamente com o mecanismo da sele-

---

18 GOULD, S. J. *The Structure of Evolutionary Theory.* Cambridge-MA: Harvard University Press, 2002.

ção natural, que tem um papel central na teoria, como foi explicado no Capítulo 3.

Essas perguntas dizem respeito a três princípios ainda presentes na formulação contemporânea do darwinismo, que Gould chama de "agência", "eficácia" e "alcance", respectivamente. Cada um desses princípios toca em temas que estão por trás de debates sobre as teorias evolutivas, desde os dias de *A origem das espécies* até hoje.

As respostas de Darwin e os debates contemporâneos

Cada uma das três perguntas sobre a seleção natural levantadas na seção anterior foi respondida de maneira clara por Darwin. E, para cada uma das respostas que propôs, seguiram-se debates e foram propostas alternativas. Vamos examinar a seguir as respostas de Darwin e as discussões atuais, para então refletirmos sobre o significado das discordâncias e dos debates.

O QUE É SELECIONADO?

Darwin defendeu de maneira vigorosa a ideia de que a seleção natural atua sobre organismos individuais, oferecendo assim uma resposta clara para a pergunta a respeito do princípio da *agência*. Ele insistia que a seleção natural atua sobre *organismos* que competem uns com os outros. Ele até mesmo admitiu que as situações em que um organismo fazia algo que parecia ser deletério para si mesmo, sobretudo quando esse comportamento beneficiava outro indivíduo da mesma população, representavam um grande desafio à sua teoria.

E esse desafio de fato existe. Considere, por exemplo, o comportamento observado em diversas espécies de aves, nas quais há indivíduos que cumprem o papel de sentinela, avisando aos outros da presença de um predador. Como explicar esse comportamento com base no mecanismo da seleção natural? Afinal de contas, quando uma ave emite um chamado de alerta, avisando aos outros indivíduos da presença de um predador, ela em consequência chama a atenção para si mesma, aumentando as chances de ser predada. Uma outra ave do mesmo grupo que permaneces-se em silêncio teria mais sucesso na luta pela sobrevivên-cia, beneficiando-se do chamado de alerta da sentinela, mas sem arcar com os custos de tal chamado. Se a seleção natural atua sobre organismos individuais, não esperaría-mos que esse comportamento evoluísse, pois "ficar quie-to e ouvir o alerta dos outros" seria uma estratégia superior, em termos do sucesso dos indivíduos nas tentativas de sobreviver.

Em 1962, um cientista chamado Vero Wynne-Edwards (1906-1997) ofereceu uma solução para esse dilema, ao afirmar que comportamentos altruístas – aqueles que po-dem ser prejudiciais aos indivíduos que os executam, mas beneficiam os outros – são vantajosos para um grupo de or-ganismos como um todo.[19]

A ideia de Wynne-Edwards era de que *os grupos* con-tendo altruístas teriam maior chance de persistir do que os grupos sem altruístas, porque os chamados de alerta beneficiariam o grupo como um todo. Ao longo do tempo, os grupos não altruístas seriam eliminados e só sobrariam grupos altruístas (FIGURA 5A). A resposta para a questão da *agência* é, nesse caso, bastante diferente daquela propos-ta por Darwin: em vez de somente sobre o organismo indi-vidual, a seleção natural também estaria atuando sobre

---

19 WYNNE-EDWARDS, V. C. *Animal Dispersion in Relation to Social Behaviour.* Edinburgh: Oliver and Boyd, 1962.

grupos de organismos. Essa explicação, que foi bastante popular na primeira metade da década de 1960, por seu apelo intuitivo, se baseia em um mecanismo conhecido como "seleção de grupo".

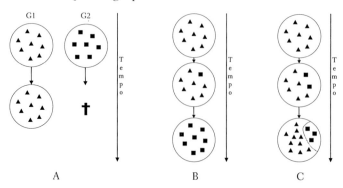

FIGURA 5. O DEBATE SOBRE SELEÇÃO DE GRUPOS. A) O MODELO DE SELEÇÃO DE GRUPOS DE WYNNE-EDWARDS. B) O ARGUMENTO DA SUBVERSÃO DESDE DENTRO, DE GEORGE WILLIAMS. C) UM MECANISMO DE CONTROLE DA SUBVERSÃO DESDE DENTRO NUM GRUPO DE ORGANISMOS.
EM TODAS AS FIGURAS, TRIÂNGULOS REPRESENTAM OS INDIVÍDUOS ALTRUÍSTAS E QUADRADOS, OS EGOÍSTAS.

Apesar de seu apelo intuitivo – afinal de contas, a ideia de que características podem evoluir para o "bem coletivo" é bastante sedutora –, a seleção de grupos foi vigorosamente criticada, inicialmente pelo biólogo evolutivo George C. Williams (1926-), em 1966.[20] Um argumento importante apresentado por Williams foi o de que a evolução por seleção natural não pode produzir uma adaptação boa para o grupo, mas custosa para o organismo individual, por causa do que ele chamou de "subversão desde dentro" (FIGURA 5B). Dentro de um grupo, os organismos estão continuamente competindo uns com os outros, e se existirem indivíduos altruístas, que agem para o bem do grupo, e indivíduos egoístas, que não o fazem, parece óbvio que estes últimos terão

---

20 WILLIAMS, G. C. *Adaptation and Natural Selection*. Princeton-NJ: Princeton University Press, 1966.

maiores chances de sobreviver e reproduzir-se com sucesso, em comparação com os altruístas. Afinal, os indivíduos egoístas usufruiriam dos benefícios resultantes dos comportamentos altruístas, mas não arcariam com seus custos. A seleção natural levaria, então, à preservação dos comportamentos egoístas e à eliminação dos comportamentos altruístas. Além disso, mesmo aceitando que os grupos constituídos por indivíduos altruístas persistissem mais do que aqueles sem altruístas, ainda assim teríamos um problema: bastaria que um indivíduo não altruísta invadisse um grupo altruísta para que se iniciasse uma "subversão". Portanto, a seleção de grupo não funcionaria bem se indivíduos pudessem mudar facilmente de um grupo para outro, como sabemos ser bastante provável, baseado em nosso conhecimento sobre a movimentação de animais na natureza.

Entretanto, por mais convincentes que fossem, as críticas à seleção de grupo deixavam sem resposta uma pergunta fundamental: de que modo a seleção natural explicaria a existência do altruísmo? Comportamentos como o grito de alarme em aves e esquilos, ou o aparente "espírito comunitário" de formigas e cupins – dentre os quais há indivíduos que abdicam de reproduzir-se, dedicando-se a auxiliar a colônia –, precisam de uma explicação. Ideias desenvolvidas inicialmente por William Hamilton (1936-2000) contribuíram de modo fundamental para explicar a evolução do altruísmo.[21] Hamilton propôs que o indivíduo altruísta está aumentando indiretamente as chances de seus genes serem frequentes na próxima geração, na medida em que auxilia na sobrevivência de seus parentes, que compartilham com ele uma maior proporção dos genes do que os demais membros da população. Esse mecanismo ficou conhecido como sele-

---

21 HAMILTON, W. D. The Genetical Evolution of Social Behaviour, I and II. *Journal of Theoretical Biology*, 7:1-52, 1964.

ção por parentesco. Considere, por exemplo, uma ave que emite um chamado de alerta, beneficiando os indivíduos que estão nas proximidades. Se esses indivíduos forem seus parentes próximos, esse comportamento estará contribuindo para preservar organismos que partilham mais genes com o indivíduo altruísta, inclusive os próprios genes que contribuem para o comportamento de emitir o grito de alerta. Dessa forma, ainda que o indivíduo altruísta seja prejudicado ao emitir o alerta, os genes que contribuem para aquele comportamento estarão sendo favorecidos, caso os beneficiários do alerta também os possuam.

Esse tipo de explicação já foi testado na natureza, por exemplo numa espécie norte-americana de esquilo (*Spermophilus beldingi*) que, como certas aves, emite gritos de alerta. O biólogo norte-americano Paul Sherman observou que esses esquilos tendem a emitir os gritos de alarme muito mais frequentemente quando há parentes próximos na vizinhança. Nessas circunstâncias, a probabilidade de o indivíduo beneficiado partilhar genes com o altruísta é aumentada. Esse raciocínio desloca o alvo da seleção natural: não seriam os indivíduos que estariam sendo selecionados, mas seus genes – nesse caso, aqueles que têm um papel no comportamento de emitir um grito de alerta. Mais uma vez, encontramos uma resposta diferente daquela que foi dada por Darwin ao problema da agência.

Mais recentemente, a seleção de grupo, que esteve em descrédito desde meados da década de 1960, voltou a merecer atenção. Esse retorno resultou, em parte, da percepção de que o mesmo tipo de problema indicado por Williams surge em casos nos quais é bem mais difícil negar a existência de altruísmo. Organismos multicelulares nada mais são que grupos de células que cooperam umas com as outras. Células, por sua vez, carregam dentro de si grupos de genes. Se a "subversão desde dentro" fosse insuperável, então a existência de células seria impossível, porque genes egoístas sempre prevaleceriam sobre genes altruístas, que exibem adaptações que são para o bem das células. Da mesma maneira, organismos multicelulares não deveriam existir, uma vez que lutas egoístas entre as células que os compõem, em que todas tentariam tornar-se gametas e gerar novos indivíduos, inviabilizariam qualquer trabalho cooperativo entre elas. Contudo, é óbvio que células e organismos multicelulares existem! Então, como puderam evoluir? É simples. Células e organismos possuem características que os protegem contra a subversão identificada por Williams. Por exemplo, em muitos animais, uma linhagem "germinativa", isto é, uma linhagem de células que se tornarão os futuros gametas, é estabelecida logo no começo do desenvolvimento do embrião. É por isso que uma fêmea humana nasce com um número preestabelecido de óvulos potenciais. Esse fenômeno é conhecido como "segregação da linhagem germinativa". Ele implica que, nos animais que o exibem, células egoístas estarão condenadas, se não estiverem na linhagem germinativa: elas não sobreviverão à morte do organismo. É claro que, ainda assim, células egoístas às vezes se formam, reproduzindo-se como se fossem organismos de vida livre, e não parte de um organismo maior. Essas células egoístas constituem os "cânceres" e têm um tempo de vida muito limitado, não sobrevivendo ao organismo individual. Qual a vantagem de um mecanismo como a segregação da linhagem germinativa? Ora, ele deixa sob controle a subversão dos comportamentos altruístas por células egoístas. Para uma célula que não é parte da linhagem germinativa, a estratégia mais razoável é contribuir para o bem-estar geral do organismo, de modo a aumentar as chances de reprodução das cópias de seus genes que se encontram em células da linhagem germinativa.

Se organismos multicelulares e células possuem mecanismos contra a subversão, produzidos, eles próprios, pelo processo evolutivo, por que o mesmo não poderia valer para grupos de organismos? Recentemente, tem sido defendido que a existência de subdivisões nas populações, ou seja, o fato de elas serem constituídas por grupos que exibem algum grau de diferenciação, funciona como um mecanismo que torna mais provável a cooperação e previne a subversão, e pode ser, ele próprio, um produto da evolução. A subversão ocorre somente se os organismos egoístas puderem beneficiar-se dos comportamentos altruístas. Para isso, eles devem associar-se com os indivíduos altruístas. Contudo, se, graças à estrutura da população, a distribuição dos indivíduos nos grupos torna mais provável a associação de altruístas com altruístas e de não altruístas com não altruístas, a subversão dos comportamentos altruístas poderá não ocorrer (FIGURA 5C).[22]

As polêmicas sobre o nível no qual a seleção natural atua – se sobre organismos, grupos ou genes – constituíram um debate que cumpriu um papel importante nas décadas de 1970 e 1980, tendo sido denominado o debate sobre as "unidades de seleção". Atualmente considerado superado, foi substituído por uma nova maneira de ver a questão da agência. Concebe-se que a seleção natural pode atuar em vários níveis da organização biológica, ou seja, podemos pensar em seleção de genes, de linhagens celulares, de organismos individuais, de grupos de organismos, de populações e, talvez, até mesmo de espécies. Essa nova visão da ação da seleção natural ainda está sendo construída e, portanto, há mais perguntas do que respostas bem fundamen-

---

22 STERELNY, K. & GRIFFITHS, P. E. *Sex and Death*: An Introduction to Philosophy of Biology. Chicago: The University of Chicago Press, 1999; WILSON, D. S. Group Selection. In: KELLER, E. F. & LLOYD, E. (Eds.). *Keywords in Evolutionary Biology*. Cambridge-MA: Harvard University Press, 1992. p.145-68.

tada a seu respeito. Ainda está em aberto, por exemplo, a compreensão do grau de importância de cada nível de seleção para a explicação dos diferentes fenômenos dos quais se ocupa a biologia evolutiva, como o surgimento de adaptações, a origem das espécies, a produção da diversidade biológica etc. Portanto, não estão em xeque, nesse debate atual sobre a ação da seleção natural, a validade e o poder desse mecanismo na explicação de processos evolutivos, mas os níveis da organização biológica em que ele pode atuar e como esses níveis se relacionam uns com os outros.

A SELEÇÃO EXPLICA AS GRANDES MUDANÇAS NA HISTÓRIA DA VIDA?

Estudos que discutimos anteriormente, sobre as mudanças no tamanho dos lebistes, ou a evolução de bactérias em laboratório, mostram que a seleção natural leva a mudanças evolutivas. Mas de que modo as transformações que ocorrem *dentro de* populações – chamadas de "processos microevolutivos" – poderiam explicar todo o espetáculo de diversidade biológica que há no mundo? De que modo os processos operando dentro de populações explicam os padrões de mudança que enxergamos em grandes escalas de tempo (muitas vezes denominados "padrões macroevolutivos") – como a tendência de aumento no tamanho de certas espécies (observada em linhagens de cavalos, por exemplo), ou a extinção de todo um grupo, seguida de substituição por outro (como o evento que marcou o fim da era dos dinossauros e a subsequente proliferação dos mamíferos)?

Os contemporâneos de Darwin usualmente admitiam que ele havia desenvolvido uma teoria capaz de explicar como pequenas mudanças são acumuladas dentro de um "tipo básico", e não uma hipótese que permitisse compreender as relações entre seres vivos observadas na grande árvore da vida. Para eles, a teoria da seleção natural poderia, por exemplo, explicar como lobos poderiam originar cães domésticos, mas não as diferenças entre grupos de organismos muito distintos uns dos outros, como corais e insetos. Vemos nesse caso uma questão levantada desde a época de Darwin que se mantém relevante até os dias de hoje: a seleção natural – um mecanismo que explica tão bem as mudanças evolutivas dentro de uma população de organismos – fornece também uma explicação satisfatória para as grandes mudanças que vemos na árvore da vida?

A resposta de Darwin era sim. Para ele, o poder explicativo da seleção natural poderia ser extrapolado para além da escala populacional, para abranger todo o leque de mudanças evolutivas. Segundo Darwin, a operação dos processos microevolutivos ao longo da imensidão do tempo geológico seria capaz de explicar todo o espetáculo da história da vida, por meio do acúmulo de variações geração após geração.

A observação da natureza, entretanto, traz desafios para essa visão da mudança evolutiva. Um grande problema é o da *ausência de formas intermediárias*. É bastante comum encontrarmos seres vivos (ou fósseis de seres extintos) que não são muito semelhantes a nenhum outro ser vivo conhecido. Ou seja, nem sempre é possível unir, por meio de várias formas intermediárias, duas espécies diferentes: formas novas parecem surgir abruptamente no registro fóssil. Esse padrão não se encaixa bem com a visão de mundo gradualista, característica do pensamento de Darwin. Afinal de contas, num processo de evolução gradual, como poderiam surgir novas espécies sem que fossem produzidas formas intermediárias? Darwin tinha uma resposta para esse dilema: como o registro fóssil é cheio de lacunas (uma vez que nem todos os seres vivos que já existiram deixaram vestígios), as transições abruptas são consequência da ausência de registro de formas intermediárias, as quais, entretanto, teriam de fato existido.

Há outras maneiras de explicar as transições abruptas sem que tenhamos de atribuí-las a falhas do registro fóssil? Na década de 1940, o geneticista alemão Richard Goldschmidt (1878-1958) propôs uma teoria evolutiva que considerava capaz de explicar o surgimento abrupto de novas formas.[23] Ele defendeu a importância das *macromutações,* que resultariam de uma profunda reorganização do material genético. As lacunas entre as formas de seres vivos eram explicadas, nessa teoria, com base na ideia de que teriam ocorrido mudanças genéticas que resultaram em profundas mudanças na morfologia dos organismos, sem etapas intermediárias.

Ao lançar a teoria de que novas espécies surgem por macromutações, e não pelo efeito cumulativo de mudanças resultantes da seleção natural, Goldschmidt questionou uma das ideias centrais do neodarwinismo, que é a de que novas espécies surgem pelo acúmulo de pequenas mudanças. Essa ousadia não passou despercebida e seu trabalho foi alvo de veementes críticas. O calcanhar de aquiles de sua proposta era o mecanismo genético que ele propunha para explicar as grandes mudanças: para Goldschmidt, uma grande reorganização de um cromossomo resultaria em "mutações sistêmicas", as quais explicariam, por sua vez, os "saltos" morfológicos que distinguem espécies. A ausência de evidências experimentais a favor desse cenário contribuiu para que o trabalho de Goldschmidt não fosse levado muito a sério pelos neodarwinistas. Entretanto, após décadas de relativo abandono, ideias evolutivas que contemplavam a possibilidade de haver "saltos evolutivos" explicando a origem de espécies voltaram à tona, dessa vez pelo trabalho de paleontólogos.

---

23 GOLDSCHMIDT, R. *The Material Basis of Evolution.* New Haven-CT: Yale University Press, 1940.

A proposta mais articulada foi lançada na década de 1970 por Stephen Jay Gould e Niles Eldredge (1942-).[24] Assim como Goldschmidt, eles propuseram que os processos que operam na escala das populações – incluindo a seleção natural na qual estamos acostumados a pensar – não seriam capazes de explicar as diferenças em escalas evolutivas maiores. Gould e Eldredge propuseram que, ao longo de sua existência, uma espécie muda muito pouco. Entretanto, quando ela se divide, originando novas espécies, ocorreria uma diversificação morfológica. Assim, a história da diversificação da vida na Terra teria o seguinte aspecto: longos períodos durante os quais as espécies permanecem inalteradas, intercalados por períodos comparativamente curtos, em que haveria mudanças na morfologia dos seres vivos e novas espécies surgiriam. Esse é um modo de pensar bastante diferente do neodarwinista, de acordo com o qual mudanças surgem gradualmente, sendo moldadas pela seleção natural. Para Gould e Eldredge, a diferenciação entre as espécies é um processo comparativamente mais rápido, que pode inclusive ocorrer sem seleção natural, bastando que novas espécies se originem a partir das preexistentes.

Essa proposta era apoiada em novas ideias vindas da genética, que havia progredido muito desde a década de 1940, quando Goldschmidt havia defendido a existência de "saltos evolutivos" baseados na ocorrência de macromutações. Gould e Eldredge justificaram os saltos evolutivos com base numa teoria proposta por Ernst Mayr (1904-2005), segundo a qual novas espécies frequentemente surgem quando pequenos conjuntos de indivíduos se separam do restante da população. Esses grupos, por serem pequenos e periféricos, herdariam combinações de genes dife-

---

24 GOULD, S. J. & ELDREDGE, N. Punctuated Equilibria: The Tempo and Mode of Evolution Reconsidered. *Paleobiology*, 3:115-51, 1977.

rentes daquelas encontradas na maior parte da população, de modo que poderiam diferenciar-se rapidamente. A população maior, pelo contrário, se manteria "geneticamente coesa", sem sofrer inovações, e, dessa forma, se manteria inalterada. Esse mecanismo permitia explicar vários aspectos do que se vê na natureza: as mudanças bruscas; a ausência de fósseis de formas intermediárias (dado que o tamanho reduzido das populações que sofrem transformações diminuiria as chances de elas deixarem vestígios); a relativa constância da forma de muitos seres vivos por longos períodos (uma vez que os indivíduos que pertencem a grandes populações são os que mudam menos e, além disso, deixam mais vestígios).

Esse modelo de evolução foi batizado por Gould e Eldredge de *equilíbrio pontuado*, porque propunha a existência de períodos de pouca mudança – ou equilíbrio –, que seriam interrompidos – ou pontuados – por fases de diversificação.

Essa visão do processo evolutivo também difere do neodarwinismo no que diz respeito à explicação oferecida para as "tendências evolutivas". Tendências evolutivas são processos de mudança observados em grandes escalas evolutivas, e que apresentam alguma direcionalidade. Por exemplo, o estudo dos fósseis da linhagem dos cavalos revela que as espécies ancestrais do cavalo atual se tornaram progressivamente maiores, à medida que o tempo passava. O que explica essa tendência? Para o neodarwinismo, a resposta é simples: a cada geração, cavalos maiores foram favorecidos pela seleção natural, deixaram mais descendentes, tornando assim a população predominantemente constituída por animais de tamanho cada vez maior. A tendência de aumento observada seria explicada, assim, por um processo de seleção natural que atuaria sobre cavalos individuais. A alternativa oferecida pelos proponentes do equilíbrio pontuado afirma que a seleção atua também de outro modo: as espécies maiores tenderiam a sofrer menos extinções ou a se diversificar mais, de modo que o número de espécies de maior tamanho aumentaria. Ser maior não representaria, necessariamente, uma vantagem para os cavalos individuais, em relação aos animais menores da sua população. Entretanto, ser uma espécie constituída por cavalos maiores poderia representar uma vantagem em relação a outra espécie, a de cavalos menores, levando à proliferação da espécie maior. Assim, a seleção estaria realizando um processo de triagem com base em atributos das espécies. Podemos ver, assim, que o equilíbrio pontuado também traz em seu bojo uma ideia nova sobre a agência da seleção natural, propondo a existência de seleção de espécies.

Hoje, quase trinta anos após a formulação dessa teoria, vale perguntar: o equilíbrio pontuado causou uma reformulação em nosso modo de ver a evolução? Respostas diferentes podem ser dadas para cada um dos seus elementos. A primeira ideia que encontramos na teoria do equilíbrio pontuado, como vimos, é a de que o registro fóssil reflete o processo de diversificação na natureza, revelando longos períodos sem mudanças na forma das espécies, pontuados por períodos comparativamente curtos em que há mudança intensa no repertório de formas existentes. Atualmente, esse padrão de estabilidade e mudança abrupta do registro fóssil é largamente aceito, estimulando as tentativas de pesquisadores de desvendar por que esse padrão é encontrado.

A segunda ideia do equilíbrio pontuado é a de que a imensa diversidade de formas vivas não resulta da transformação de espécies por seleção natural, mas sim de mudanças genéticas relativamente abruptas, que ocorrem quando uma espécie dá origem a novas espécies. Essa ideia enfrenta muitas críticas. Por exemplo, conhecemos muitos exemplos de espécies que mudam, sob efeito da seleção natural, sem dividir-se em duas espécies descendentes. Nesse caso, estaria havendo a mudança gradual de uma espécie, impulsionada pela seleção natural, sem sua divisão em novas espécies. Uma outra crítica à teoria do equilíbrio pontuado resulta de estudos genéticos que mostram que a maior parte das diferenças entre os indivíduos de espécies distintas é muito semelhante à variação observada entre indivíduos dentro de uma espécie, ainda que ocorram em maior número. Isso sugere que, de modo geral, os processos que explicam mudanças que se dão dentro de uma espécie explicam também as diferenças entre espécies e, portanto, o processo de diversificação da árvore da vida. Assim, de acordo com os críticos, não é necessário invocar processos diferentes da já conhecida ação da seleção natural dentro de populações para explicar as diferenças que surgem entre espécies.

Por fim, uma terceira ideia importante na teoria do equilíbrio pontuado é a de que há seleção de espécies. Essa ideia é objeto de um debate acirrado. A principal crítica à seleção de espécies vem da observação de que a seleção é muito eficaz quando olhamos dentro de uma espécie (como vimos no exemplo dos lebistes). Isso significa que, para que a seleção atuando sobre espécies fosse capaz de explicar a diversidade do mundo natural, ela teria de ser suficientemente intensa, de modo que superasse a eficácia da seleção atuando no nível dos organismos individuais. Esse problema se torna ainda maior porque o número de espécies disponíveis para serem triadas é menor do que o de indivíduos dentro de uma população, e o maior número de indivíduos disponíveis para a triagem torna o processo de seleção mais eficaz; afinal, como há relativamente poucas espécies para serem selecionadas, aumenta a chance de que aquele que sobrevive seja somente a espécie mais "sortuda", e não uma espécie "melhor".

A maneira como o equilíbrio pontuado é atualmente avaliado revela algo importante sobre o modo como caminha a pesquisa evolutiva. O equilíbrio pontuado não pôs em questão, em nenhum momento, a realidade do processo de descendência com modificação, que está no cerne da biologia evolutiva. Além disso, a realidade da seleção natural, como um mecanismo capaz de explicar as adaptações dos seres vivos, nunca foi questionada pelos defensores do equilíbrio pontuado. Entretanto, essa teoria serviu para estimular debates sobre outros processos que podem ter importância na evolução.

A discussão sobre o alcance da seleção natural foi alimentada pela observação de fósseis, mas interagiu com muitas outras áreas da Biologia. No final deste capítulo, examinaremos o estudo das bases genéticas do desenvolvimento, uma área de pesquisa que também nos ajuda a compreender a natureza das mudanças biológicas e pode alimentar os debates sobre o alcance da seleção natural. Mas antes devemos discutir o terceiro princípio da teoria darwinista da evolução identificado por Gould, a eficácia.

A SELEÇÃO NATURAL É EFICAZ?

O princípio da *eficácia* explica o que a seleção natural é capaz de realizar no processo evolutivo. Um dos resultados mais importantes conseguidos por Darwin foi a atribuição à seleção natural de um papel *positivo* na evolução, em contraste com a compreensão anterior da seleção natural como um mecanismo *negativo* e de menor importância. Embora muitas pessoas pensem que o principal mérito de Darwin tenha sido a descoberta do mecanismo da seleção natural, a situação não é assim tão simples, porque esse mecanismo pode ser encontrado tanto em trabalhos de naturalistas anteriores a Darwin como nos de seus contemporâneos. A diferença entre a visão da maioria desses naturalistas e a de Darwin é que, para aqueles, a seleção natural não era capaz de contribuir para o surgimento de organismos mais aptos. Ela seria somente um mecanismo que removeria variantes menos adaptadas, mas não levaria ao surgimento de formas mais adaptadas e à diversificação biológica. Algum outro processo, ainda desconhecido, deveria ser responsável pela origem das adaptações. Portanto, a caracterização mais precisa do mérito de Darwin no que diz respeito à seleção natural é afirmar que ele conseguiu transformar esse mecanismo, antes negativo e de menor importância, em um mecanismo positivo, capaz de produzir adaptações e espécies e, assim, de desempenhar o papel principal em uma teoria da evolução.

A ideia de que a seleção natural pode ter um papel positivo parece contraintuitiva, uma vez que ela é um processo que apenas tria a variação preexistente, não originando nada *diretamente*. Entretanto, o poder criativo da seleção natural pode ser compreendido se enxergarmos seu efeito cumulativo. Imagine uma população na qual os indivíduos maiores são favorecidos pela seleção natural. Podemos prever que o tamanho médio da população aumentará, porque os indivíduos maiores se tornarão cada vez mais comuns nas gerações subsequentes. Se, ao longo do tempo, ocorrerem alterações dentro da população, causadas por mutações em genes que afetem o tamanho, poderão surgir indivíduos ainda maiores do que qualquer um presente na população original. À medida que as variações de tamanho forem sendo acumuladas, geração após geração, em escalas temporais suficientemente longas, a seleção natural poderá terminar por produzir uma novidade na evolução, por exemplo organismos de uma determinada espécie apresentando um tamanho médio maior do que os organismos de outras espécies intimamente aparentadas.

No Capítulo 3, vimos que o darwinismo se caracterizava inicialmente por uma postura flexível em relação à possibilidade de diferentes mecanismos contribuírem para o processo de evolução das espécies. O próprio Darwin, embora considerasse a seleção natural o principal mecanismo evolutivo, não a entendia como um processo exclusivo, admitindo, por exemplo, a contribuição da herança de características adquiridas. No final do século XX, contudo, darwinistas como Weismann passaram a atribuir à seleção natural o *status* de força exclusiva no processo evolutivo, o que deu origem, como também discutimos no Capítulo 3, às controvérsias sobre o darwinismo na virada do século XIX para o XX. A partir da síntese evolutiva, o compromisso com a exclusividade da seleção natural na explicação do processo evolutivo se manteve firme durante algumas décadas.

Nas últimas décadas, contudo, uma compreensão mais aprimorada das possibilidades e dos limites da seleção natural emergiu. Esperamos que isso tenha ficado claro no Capítulo 3, quando discutimos o papel do acaso no processo evolutivo; o fato de que a seleção natural não dá origem a organismos "perfeitos" ou "ótimos"; a atuação da seleção sobre o organismo como um todo e não sobre suas partes isoladamente; e o fato de que é possível que uma característica exerça uma função completamente diferente daquela que desempenhava originalmente. Ao concluirmos aquele capítulo, fizemos questão de construir uma crítica ponderada do raciocínio adaptacionista, evitando negar seu poder na explicação de fenômenos evolutivos e na orientação da pesquisa em biologia evolutiva. Procuramos deixar claro, ainda, que os limites com os quais o mecanismo de seleção natural se depara na tentativa de explicar a diversidade de fenômenos evolutivos não diminuem sua importância. É da própria natureza da ciência que os mecanismos e as teorias construídas pela comunidade científica tenham tanto possibilidades como limitações. Portanto, deduzir das controvérsias atuais sobre a eficácia ou o poder explicativo da seleção natural que esse mecanismo não goza da mesma aceitação anterior ou, para usar a retórica exagerada que por vezes encontramos na mídia, que o darwinismo está superado indica uma compreensão inadequada da natureza do conhecimento científico.

No restante deste capítulo, estenderemos a discussão sobre um conjunto de mecanismos que hoje é colocado lado a lado com a seleção natural quando buscamos explicar alguns fenômenos evolutivos. Esses mecanismos são conhecidos coletivamente como "restrições ao processo evolutivo" e buscam explicar a diversidade biológica, ao formular hipóteses sobre por que a evolução *não produziu determinadas formas de seres vivos*. Para compreender melhor as restrições ao processo evolutivo, vamos examinar alguns dos avanços que ocorreram no estudo do desenvolvimento. Veremos que a relação entre desenvolvimento e evolução oferece explicações não apenas para as restrições ao processo evolutivo, mas também para o surgimento de inovações evolutivas e para grandes mudanças que ocorreram na história da vida.

A biologia do desenvolvimento e as restrições ao processo evolutivo[25]

A biologia do desenvolvimento estuda como um óvulo fecundado se transforma em um organismo complexo. Algu-

---

25 RAFF, R. *The Shape of Life*: Genes, Development, and the Evolution of Animal Form. Chicago: University of Chicago Press, 1996.

mas ideias que emergiram do estudo do desenvolvimento se revelaram fundamentais para nossa compreensão do processo evolutivo. Afinal de contas, ao compreendermos como um organismo é construído, aprendemos também como esse processo de construção pode ser alterado, para gerar novas estruturas. E o surgimento de novas estruturas é uma etapa--chave do processo evolutivo.

Uma das descobertas mais surpreendentes na biologia do desenvolvimento veio do estudo de suas bases genéticas. Genes participam do processo de desenvolvimento de diversas formas, inclusive controlando como outros genes são expressos. O fato de um gene controlar outro, que, por sua vez, controla outro, e assim por diante, explica por que falamos em *cascatas de regulação gênica*. Estas desempenham um papel importante não só no desenvolvimento, mas também em vários outros processos biológicos. Os genes que controlam outros genes fazem isso por meio da produção de proteínas chamadas de *fatores de transcrição*, os quais se ligam a trechos de DNA adjacentes a outros genes, e regulam a intensidade com que são expressos.

Ao estudar esses genes, pesquisadores se defrontaram com algo surpreendente: em organismos tão diversos quanto humanos, moscas e vermes, os genes que coordenam o processo do desenvolvimento são extremamente semelhantes. Normalmente, ao compararmos organismos que se separaram uns dos outros na árvore da vida há centenas de milhões de anos, encontramos poucos genes que permaneceram virtualmente inalterados. Entretanto, os que orquestram as etapas do desenvolvimento pouco mudaram nesses organismos tão diversos. Isso se torna ainda mais surpreendente à luz do fato de que a morfologia de humanos e insetos é obviamente muito diferente, revelando que não há uma relação simples entre similaridade genética e similaridade da morfologia.

As surpresas não pararam aí. A conservação vai além de genes individuais: o modo como os genes e seus produtos interagem entre si é também semelhante nesses organismos tão diferentes. Portanto, o que temos é toda uma maquinaria genética bastante conservada, mas que está contribuindo para a construção de morfologias extremamente diferentes. Um exemplo dessa conservação vem do estudo de um gene chamado *Pax-6*, encontrado em insetos, e também em mamíferos (nos quais é chamado de *eyeless*). Apesar de os olhos de moscas e mamíferos serem imensamente diferentes, verificou-se que o *Pax-6* e o *eyeless* são extremamente semelhantes. A descoberta de que esses genes, além de semelhantes, funcionavam de modo similar veio de um experimento fascinante: o gene *eyeless* de mamíferos foi transferido para diversas partes do corpo de moscas e, onde quer que ele fosse introduzido, surgiam olhos. O que significa essa conservação em genes que orquestram etapas do desenvolvimento? Qual a sua relevância para nossa compreensão do processo evolutivo?

O fato de um conjunto de genes estar sendo usado em espécies tão diferentes para fazer estruturas tão diversas indica que o desenvolvimento evolui por um processo de *bricolagem* (ver Capítulo 3), com conjuntos de genes sendo conservados e cooptados para construir novas estruturas. Essa bricolagem é possível se os genes que regulam processos de desenvolvimento estiverem "ligando" e "desligando" genes diferentes, em espécies diversas. Ou, alternativamente, se o momento ou local em que são expressos muda, criando assim a possibilidade de produzir estruturas diferentes, ainda que usando uma mesma maquinaria.

A importância evolutiva dessa conservação pode ser melhor compreendida com outro exemplo. A formação de apêndices em vertebrados se inicia com a atividade de um conjunto de genes que estimula o desenvolvimento dessas estruturas, mas sem que haja uma diferenciação entre os apêndices anteriores e posteriores. A seguir, nos mais diversos animais, ocorre a expressão diferencial de outro conjunto de genes (*Tbx5* nos anteriores e *Tbx4* e outros nos posteriores), que leva à diferenciação entre esses apêndices. A etapa final ainda não é completamente conhecida, mas há uma proposta sobre como ela ocorre: em diferentes espécies, o *Tbx5* estaria modulando a expressão de genes diferentes. Assim, em aves, ele desencadearia uma cascata de eventos que levam à formação de uma asa, enquanto em mamíferos ele estimularia outro conjunto de genes, que levariam à formação de um antebraço.

Esse modo de operação revela que o desenvolvimento se dá de maneira *modular*: há um conjunto de genes que atua na etapa de formar apêndices, outro que influencia na diferenciação entre os anteriores e os posteriores, e ainda outros genes que controlam os processos que levam à forma final do apêndice (se ele vai ser uma asa ou uma perna, por exemplo). Essa divisão de "tarefas" entre diferentes conjuntos de genes tem implicações evolutivas importantíssimas: significa que é possível mexer em uma parte do desenvolvimento, sem prejudicar outra. O surgimento de asas não requer uma reformulação total do desenvolvimento dos apêndices de vertebrados: pelo contrário, as asas surgiram de mudanças em um patrimônio genético preexistente, bem no espírito da bricolagem. Além disso, a modularidade significa que há mais "liberdade" para o surgimento de mudanças: por exemplo, o surgimento de asas alterou os apêndices anteriores, mas sem precisar afetar os posteriores, ou ainda outras etapas do desenvolvimento.

Com o estudo do desenvolvimento, aprendemos muito sobre como novas estruturas surgem ao longo do processo evolutivo. As primeiras etapas do desenvolvimento das penas são as mesmas observadas no desenvolvimento dos cabelos e escamas: uma camada da epiderme se torna espessa e cresce para fora, originando um "tubo", que é chamado de folículo. O destino desse folículo depende dos genes que atuam nas células; no caso das penas, há um par de genes (chamados de *Bmp2* e *Shh*) que produz proteínas que regulam a proliferação das células. É a sequência temporal e espacial em que esses genes são ligados e desligados que condiciona a forma que a pena terá. O que é particularmente fascinante é que esses dois genes não são de modo algum exclusividades do desenvolvimento de penas; eles atuam em várias outras etapas do desenvolvimento em vertebrados, regulando a formação de apêndices (braços, nadadeiras, asas), de dígitos (os dedos) e controlando a formação de cabelos e unhas. Mais uma vez, vemos um processo de bricolagem em ação: genes preexistentes participam da construção de uma nova estrutura.

Essas descobertas podem ser resumidas em uma metáfora sobre o papel do desenvolvimento. Imagine um espaço no qual cada uma das formas possíveis de seres vivos (reais ou imaginadas) seria representada por um ponto. Vamos chamá-lo de "espaço das formas orgânicas". Podemos dizer, então, que a natureza modular do desenvolvimento cria "pontes" no espaço das formas orgânicas, permitindo que ocorram mudanças entre formas bastante distintas.

Se, de um lado, a organização dos mecanismos de desenvolvimento facilita inovações, de outro, ela impõe limites ao que é possível construir. Vários estudos sugerem que a modularidade descrita antes – que permite que um braço seja transformado em asa – nem sempre está presente no desenvolvimento. Um cenário bastante aceito divide o desenvolvimento em três fases principais. Numa primeira fase, que ocorre logo depois da fertilização, o embrião estaria relativamente "livre" para sofrer alterações. Sabemos disso porque a inspeção minuciosa de embriões de espécies próximas muitas vezes revela grandes diferenças nessa fase do desenvolvimento. Essa flexibilidade no início do desenvolvimento resultaria da menor complexidade das interações entre as células do embrião, que estariam apenas começando a distribuir-se nos principais eixos que caracterizarão o animal, como aquele que diferencia o dorso e o ventre. Nesse sentido, as células não estariam ainda modulando significativamente o comportamento umas das outras e mudanças afetando uma célula ou mesmo um conjunto de células não impactariam necessariamente as demais.

Entretanto, a etapa seguinte – a fase intermediária do desenvolvimento – parece ser muito diferente. Espécies distintas apresentam embriões muito semelhantes nessa fase, tornando-se difícil distinguir embriões de animais que são muito diferentes em outras fases de sua vida, como peixes, aves e mamíferos. Parece, portanto, que, nessa fase intermediária, poucas mudanças são toleradas. A análise detalhada dos mecanismos do desenvolvimento oferece uma explicação. Nessa fase, há uma intensa comunicação entre conjuntos de células que constituem os primórdios de diferentes órgãos e tecidos. É a partir dessa comunicação que as células de cada região do embrião estabelecem suas identidades, definindo os caminhos que seguirão em sua diferenciação. Um exemplo dessa comunicação vem da observação de que a formação do olho depende de sinais vindos de células do coração. Temos, portanto, uma fase do desenvolvimento que é altamente integrada, na qual alterações em um conjunto de células podem ter repercussões importantes em outras regiões do embrião. Consequentemente, poucas mudanças são toleradas.

Esse cenário muda mais uma vez na etapa final do desenvolvimento: o embrião já está subdividido e as diferentes regiões podem sofrer alterações, sem que isso afete as

outras. Por exemplo, uma vez que tenham sido estabeleci-
das qual região do embrião originará o coração e qual originará o olho, mudanças dentro de cada uma delas podem
ocorrer sem prejuízo para a outra. Assim, quando comparamos os embriões de uma galinha, de um peixe e de um
humano nessa fase mais avançada do desenvolvimento, vemos diferenças marcantes.

Essa descrição das principais fases do processo de
desenvolvimento sugere que, em sua fase intermediária,
ele oferece *restrições* para mudanças evolutivas. A existência de restrições nos ajuda a entender a diversidade do
mundo natural. Se o desenvolvimento não impusesse restrições, poderíamos imaginar que seriam geradas as mais mi-
rabolantes e variadas formas de seres vivos. Como a variação que vemos no mundo que nos cerca revela que nem
todas as formas imagináveis existem, temos de oferecer alguma explicação para as formas que "faltam". Por exemplo,
considere a linhagem dos tetrápodos, vertebrados com quatro pernas, que sofreu uma enorme diversificação ao longo
dos seus quatrocentos milhões de anos de existência. Por
que nunca surgiu, nesse grupo, um animal com seis pernas?
Podemos até imaginar vantagens associadas a essa mudança: o animal poderia ser mais veloz, poderia suportar um
maior peso, poderia usar quatro pernas para locomover-se
e duas para manipular alimentos e assim por diante.

Um modo de explicar a inexistência de animais com seis
pernas se baseia na seleção natural. Por exemplo, poderia
haver desvantagens associadas a essa mudança: o modo de
caminhar usando seis pernas poderia ser muito ineficien-
te e, talvez, o sistema nervoso de vertebrados seja incapaz de
coordenar o movimento de seis pernas. Entretanto, a
própria natureza do processo de desenvolvimento oferece
outra explicação para a ausência de vertebrados com seis
pernas. As restrições existiriam porque, dentre as mudan-

ças possíveis no desenvolvimento desse grupo de organismos, não haveria nenhuma capaz de dar origem a um embrião funcional com seis pernas. Dessa forma, mesmo sem invocar a ação da seleção natural contra vertebrados de seis pernas, poderíamos explicar por que eles não existem.

Como muitas outras questões da Biologia, a resposta para esse debate não é nem deve ser absoluta. Tanto a seleção natural como o desenvolvimento têm algum papel na determinação do leque da diversidade biológica: com certeza, há formas que são viáveis do ponto de vista de desenvolvimento, mas que foram removidas por seleção; certamente, também há formas que simplesmente não podem ser criadas com base nos mecanismos de desenvolvimento que existem.

Felizmente, temos razões para crer que haverá progresso nesse debate. Um maior entendimento do desenvolvimento ajudará a compreender até que ponto suas características restringem mudanças evolutivas e até que ponto permitem que pontes se formem entre morfologias distintas. Concomitantemente, está havendo uma integração entre o estudo da genética do desenvolvimento e o da Paleontologia. É comum que fósseis de grupos de seres vivos muito diversos sejam analisados à luz do repertório de genes de desenvolvimento presente nos representantes vivos de cada um daqueles grupos. Dessa forma, é possível que em breve aprendamos quais mudanças em genes do desenvolvimento estão associadas a quais mudanças na forma dos organismos. Assim, a genética do desenvolvimento pode unir-se ao estudo da evolução, oferecendo explicações mais precisas sobre exatamente que tipos de mudanças genéticas estão associados aos eventos de mudança morfológica que enxergamos nos fósseis.

Seleção natural: uma teoria em evolução

Nos debates da virada do século XIX para o XX, as críticas ao darwinismo buscavam negar o papel da seleção natural no processo evolutivo, privando-a de agência, eficácia e alcance, ou, no mínimo, relegando-a a um papel secundário. É por isso que podemos afirmar que as teorias daquele período eram em grande parte antidarwinistas. A síntese moderna recolocou o darwinismo em uma posição central no pensamento evolutivo, superando as teorias antidarwinistas que a precederam. O que vemos hoje é o desenvolvimento de diversas linhas de pesquisa que se debruçam sobre críticas aos princípios evolutivos de agência, alcance e eficácia. Estudos nos mais diversos campos, abrangendo desde o comportamento de aves até a análise de fósseis, a caracterização genética das diferenças entre espécies e a genética do desenvolvimento, contribuem para compreender a importância da seleção natural como um mecanismo evolutivo. A pesquisa evolutiva hoje busca ampliar e complementar a teoria da seleção natural, e não substituí-la.

5 Pensar biologicamente é pensar evolutivamente

A Biologia faz perguntas sobre os mais variados aspectos do mundo que nos cerca. Uma lista com algumas delas exemplifica como é grande o leque de questões abordadas por essa ciência:

(a) De onde veio o vírus da Aids? Como ele consegue resistir ao sistema imune?
(b) Por que cada vez mais pessoas morrem de infecções hospitalares?
(c) Por que mulheres sentem enjoos durante a gravidez?
(d) Quantos genes existem no genoma humano? Esse número é grande ou pequeno?

Por mais diversas que possam parecer, cada uma dessas perguntas depende do pensamento evolutivo para ser respondida de modo satisfatório.

A evolução e a origem do HIV [26]

A Aids (Síndrome da Imunodeficiência Adquirida Humana) é uma pandemia que tem representado um dos maiores desafios para a humanidade nas últimas três décadas. Se quisermos compreender como essa doença teve origem, teremos de responder a uma série de perguntas de natureza evolutiva. A Aids é causada por dois retrovírus, HIV-1 e HIV-2 (a sigla HIV significa *Human Immunodeficiency Virus*, "Vírus da Imunodeficiência Humana"). Ela é uma das doenças virais emergentes – isto é, que surgiram nas últimas décadas –, como a Sars, o Ebola, a gripe do frango, as hantaviroses etc. Mas de onde vieram essas ameaças? De acordo com as hipóteses mais aceitas atualmente, o HIV, por exemplo, entrou nas populações humanas quando seres humanos foram infectados em contato com pelo menos duas espécies diferentes de primatas africanos. Nesses primatas, foram encontrados vírus aparentados do HIV, os vírus da imunodeficiência de símios (SIV, *Simian Immunodeficiency Virus*). Esses vírus de símios sofreram um processo de evolução que deu origem a um vírus capaz de cruzar a barreira entre as espécies e infectar parentes próximos, os seres humanos. Ou seja, a compreensão da origem da Aids demanda um entendimento de como a evolução ocorre, podendo produzir novos patógenos, capazes de infectar nossa espécie. Sintomaticamente, foram estudos da evolução molecular de retrovírus de primatas que forneceram as evidências mais convincentes sobre as origens do HIV-1 e do HIV-2. Esses estudos permitiram que a origem da doença em humanos fosse situada na África Central por volta do começo do século XX, com a transmis-

---

26 PAPATHANASOPOULOS, M. A.; HUNT, G. M. & TIEMESSEN, C. T. Evolution and Diversity of HIV-1 in Africa: A Review. *Virus Genes*, 26(2):151-63, 2003.

são de SIVs de primatas para humanos pela exposição ao sangue daqueles animais durante a caça.

Se quisermos, em seguida, compreender por que é tão difícil controlar a pandemia da Aids, novas questões evolutivas surgirão. Uma das principais características do HIV é sua rápida velocidade de mutação, que resulta da alta frequência com que o material genético desse vírus sofre alterações, no processo de replicação. Essa alta taxa de mutação tem uma consequência importante para a saúde humana. A exposição do vírus aos remédios antivirais seleciona as variantes de HIV resistentes aos tratamentos. Como a taxa de mutação é alta, alterações genéticas estão constantemente surgindo, facilitando o aparecimento de variantes capazes de sobreviver ao remédio. Ou seja, é relativamente rápido o aparecimento de vírus resistentes ao tratamento com remédios antivirais. A grande diversidade genética do HIV também dificulta o desenvolvimento de vacinas que ajudem no controle dessa pandemia, uma vez que as desenvolvidas para uma variedade do vírus podem deixar de ser eficazes quando esta sofrer mudanças.

A compreensão da evolução do HIV tem importância, assim, não somente para que entendamos a origem da doença, mas também para que possamos planejar intervenções para conter sua disseminação e aumentar a sobrevida das pessoas infectadas. Conhecer as estratégias do adversário é essencial numa batalha médica como essa e hoje sabemos que as do HIV são, em grande parte, consequência de seu processo de transformação evolutiva.

A resistência bacteriana a antibióticos

Muitas outras questões de vital importância para a humanidade pedem um modo de pensar evolutivo. É o caso, por exemplo, da resistência de bactérias a antibióticos, que já discutimos no Capítulo 3. Desde a década de 1940, o uso de antibióticos permitiu que doenças de origem bacteriana que eram graves mazelas da humanidade, como a meningite e a tuberculose, fossem controladas. Entretanto, esse quadro está mudando. Hoje, há diversos países em que mais da metade das culturas bacterianas retiradas de pacientes é resistente a antibióticos. Mas de onde surgiu essa resistência e o que podemos fazer para evitar que ela nos leve a perder uma das mais valiosas contribuições da ciência para a humanidade? Novamente, essas são questões que não podem ser respondidas sem que pensemos de maneira evolutiva.

As bactérias resistentes são, como vimos, um resultado direto da ação da seleção natural. O próprio uso de antibióticos por nossa espécie, frequentemente de modo desnecessário e sem os devidos cuidados, permitiu que bactérias resistentes persistissem nas populações bacterianas, substituindo as menos resistentes. Assim, com o passar do tempo, populações bacterianas inteiras se tornaram resistentes, resultando em ameaças graves à saúde pública. O surgimento de populações de bactérias resistentes a antibióticos é, pois, um processo movido pela seleção natural, em que os agentes seletivos são os antibióticos. Não é surpreendente, assim, que a distribuição geográfica da resistência não seja aleatória: os países que usam mais antibióticos, como a penicilina, são também aqueles em que há uma proporção maior de casos de resistência. Temos aqui mais um exemplo de fenômeno biológico que não poderíamos compreender sem examiná-lo de uma perspectiva evolutiva.

O raciocínio evolutivo também permite compreender comportamentos[27]

O pensamento evolutivo pode iluminar características de nossa espécie, incluindo aspectos de nosso comportamento e de nossa fisiologia. Embora a Biologia não seja suficiente para compreender como nos comportamos, uma vez que nosso comportamento é produto também de nossas experiências socioculturais, não há nada de estranho na proposta de que muitos de nossos comportamentos podem ter bases biológicas. Se a compreensão de nossa evolução biológica nos ajuda a entender por que andamos eretos ou a forma que têm nossos membros, por que ela não nos auxiliaria a entender também o modo como nós nos comportamos? Não se trata de afirmar que mecanismos biológicos determinam nosso comportamento, uma afirmação não somente muito controversa, mas também, na maioria dos casos, provavelmente falsa. Trata-se somente de afirmar que, entre diversos fatores, nossos comportamentos são também causados por nossa Biologia. Vejamos um exemplo.

Cerca de dois terços das mulheres sofrem de náuseas e vômitos no primeiro trimestre de gravidez. Será que podemos dizer algo interessante sobre essa característica de uma perspectiva evolutiva? Será que um olhar evolutivo nos oferece alguma ideia que não teríamos de outra forma, capaz de transformar toda a nossa maneira de entender esse fenômeno biológico? Parece ser esse o caso. Na década de 1970, foi levantada a hipótese de que o mal-estar que as mulheres sentem nos três primeiros meses de gravidez cumpriria uma função importante: ele protegeria o embrião, ao fazer que as mulheres grávidas expelissem e posteriormente evitassem

---

27 FLAXMAN, S. M. & SHERMAN, P. W. Morning Sickness: A Mechanism for Protecting Mother and Embryo. *Quarterly Review of Biology*, 75(2):113-48, 2000.

alimentos que contêm substâncias que poderiam provocar abortos ou causar malformações no bebê. Dois pesquisadores da Universidade de Cornell, nos Estados Unidos, publicaram em 2000 um artigo científico no qual examinavam esta hipótese por meio de uma ampla revisão da literatura médica, psicológica e antropológica. Eles concluíram que uma série de evidências apoia essa hipótese. Os sintomas são sentidos de modo mais forte pelas grávidas exatamente quando a formação dos órgãos do embrião é mais suscetível a perturbações químicas, entre a sexta e a décima-oitava semanas de gravidez. Mulheres que sofrem de mal-estar no primeiro trimestre de gravidez apresentam menor probabilidade de perder a criança do que mulheres que não sofrem. Além disso, as que não somente têm náuseas, mas também chegam a vomitar, perdem seus bebês com menor frequência do que aquelas que experimentam somente náuseas. Entre as bebidas e os alimentos aos quais muitas grávidas têm aversão, encontram-se frequentemente bebidas alcoólicas e não alcoólicas (principalmente contendo cafeína) e vegetais de gosto acentuado, que contêm substâncias prejudiciais ao desenvolvimento do embrião. As maiores aversões são dirigidas a carnes em geral (vermelha, de peixes, de aves) e ovos. As razões para isso parecem residir no fato de que produtos animais podem ser perigosos para mulheres grávidas e seus embriões porque frequentemente contêm parasitas e organismos patogênicos, principalmente quando armazenados à temperatura ambiente em locais de clima quente, ou seja, nas condições em que a nossa espécie evoluiu e, portanto, nas quais características como o mal-estar na gravidez foram selecionadas.

Nesse exemplo, podemos observar como um olhar evolutivo sobre os fenômenos da vida não somente permite que os compreendamos melhor, como também pode oferecer-nos perspectivas novas e inusitadas sobre fenômenos que nos são familiares. Uma visão evolutiva permite que vejamos o mal-estar que as mulheres sentem no primeiro trimestre da gravidez como um mecanismo selecionado ao longo da evolução de nossa espécie com uma função profilática. Podemos entendê-lo como um mecanismo que faz que as mulheres evitem alimentos que poderiam ser perigosos para elas mesmas e para seus embriões, especialmente aqueles que, antes de técnicas mais eficazes de conservação estarem disponíveis, provavelmente continham muitos micro-organismos e muitas toxinas.

Estudos genômicos [28]

Todos já ouvimos falar no projeto *genoma humano*, que sequenciou todo o material genético de alguns indivíduos de nossa espécie. Projetos semelhantes foram feitos para outras espécies, tendo sido gerada nos últimos anos uma rica base de dados genéticos. Entretanto, o resultado imediato desses projetos é apenas uma longa lista de letras, correspondendo a cada uma das quatro bases do DNA. Compreender em detalhe essa informação genética é um dos grandes alvos da pesquisa biológica atual. Entre as questões que têm sido levantadas, encontram-se as seguintes: Quantos genes há? Quais são os mais importantes?

Para encontrar genes nesse mar de letras, uma abordagem comum é procurar trechos do genoma que tenham características semelhantes a genes que já são conhecidos. Mas por que haveria genes semelhantes aos já conhecidos? Mais uma vez, precisamos pensar evolutivamente para responder a essa pergunta. Novos genes são criados com base em genes preexistentes. Assim como o nosso

---

28 BULL, J. & WICHMAN, H. Applied Evolution. *Annual Review of Ecology and Systematics*, 32: 183-217, 2001.

braço e a asa de um morcego são estruturas que representam variações em torno de uma forma ancestral, genes semelhantes também representam variações de genes ancestrais. Portanto, uma forma de encontrar novos genes é buscar trechos de DNA que sejam semelhantes a genes já conhecidos. O estudo do funcionamento dos genes também se apoia no raciocínio evolutivo: muitas vezes é possível inferir a função de um gene em humanos com base em resultados obtidos de experimentos com genes semelhantes em outros organismos, como os camundongos. Isso pode ser feito porque um gene presente em humanos pode partilhar um ancestral comum com um gene presente no camundongo e, em muitos casos, o parentesco entre genes também se espelha numa semelhança de funções.

Outra maneira pela qual a evolução se faz presente no estudo de genomas é a detecção de trechos de DNA que são de grande importância para o organismo. Esses trechos podem ser encontrados no universo de letras do genoma da seguinte forma. Podemos comparar genomas de espécies distintas e listar quais trechos mudaram muito desde o momento em que elas divergiram de um ancestral comum, e quais permaneceram semelhantes. As regiões que sofreram poucas mudanças são muito provavelmente regiões que desempenham um papel importante para a sobrevivência dos organismos. Essa asserção se baseia num raciocínio evolutivo: se uma região do genoma tem um papel fundamental para a sobrevivência das espécies estudadas, mutações que alterem seu funcionamento normal provavelmente tornarão os indivíduos que as apresentam menos aptos a deixar descendentes. Desse modo, versões mutadas daquela região do genoma tenderão a ser removidas da população pela seleção natural. Sobrará, então, a variante original, com poucas mudanças entre as espécies. Por sua vez, se um gene desempenhar um papel que não é absolutamente crucial para a sobrevivência, os indivíduos contendo as versões alteradas poderiam sobreviver e, ao longo do tempo, surgiriam diferenças entre as espécies. Assim, a detecção de trechos do genoma que mudaram pouco ao longo da história evolutiva é uma poderosa ferramenta para localizar trechos de DNA que podem ter grande importância funcional.

Poderíamos apresentar nesta seção muitos outros exemplos de como o pensamento evolutivo é necessário para a compreensão de fenômenos biológicos. Mas por que é tão abundante o número de exemplos que podemos encontrar para ilustrar a tese que defendemos nesta seção? A razão é simples: o pensamento evolutivo é o eixo organizador do conhecimento biológico. É ele que confere sentido à diversidade de ramos do conhecimento que constituem a Biologia. Evolução não é somente mais um conteúdo de Biologia, mas também é o conteúdo mais central de toda essa ciência, sem o qual ela simplesmente não tem sentido. Como afirma o título deste capítulo, *pensar biologicamente é pensar evolutivamente*.

Causas próximas, causas distantes e as perguntas da ciência

No primeiro capítulo, vimos que, diante de comportamentos como o canibalismo em aranhas ou de estruturas como as penas das aves, é possível fazer uma diversidade de perguntas. Podemos descrever de maneira detalhada comportamentos e estruturas que encontramos na natureza, buscando caracterizar de modo aprofundado os fenômenos que nos propomos compreender. Feito isso, muitas outras questões ainda restam para serem respondidas. Entre elas, destacamos, naquele capítulo, questões de natureza histórica, que permitem que entendamos quando e por que surgiu algum comportamento – como o canibalismo em aranhas – ou alguma estrutura – como as penas das aves.

Nas tentativas de compreender a natureza, as ciências levantam pelo menos três variedades de perguntas, que podemos descrever como perguntas dos tipos "O quê?", "Como?" e "Por quê?".[29]

Quando perguntamos, por exemplo, "quais aranhas apresentam comportamento canibalístico?", "quais as características de um ato canibalístico entre aranhas?", ou "quais bactérias são resistentes a antibióticos?", estamos fazendo perguntas do tipo "O quê?". Aquilo que desejamos obter, ao fazê-las, não é uma explicação, mas uma descrição. As respostas a essas perguntas nos fornecerão um conhecimento aumentado sobre as características de comportamentos e estruturas, mas não nos oferecerão explicações sobre por que determinados comportamentos e estruturas existem ou por que eles apresentam as características que apresentam. Essas explicações são pedidas por perguntas da forma "Por quê?".

Perguntas da forma "Por quê?" podem pedir explicações que não são de natureza científica. Se alguém pergunta, por exemplo, "Por que eu vim parar neste mundo?", ele possivelmente terá em mente uma resposta que ofereça algum tipo de razão última para a sua existência, e não uma explicação científica apresentando os mecanismos pelos quais sua mãe veio a engravidar. As ciências não buscam esse tipo de explicações últimas para perguntas da forma "Por quê?". Para distinguir o tipo de resposta que as ciências oferecem para perguntas da forma "Por quê?", podemos recorrer ao papel dos *mecanismos* nas explicações científicas. As teorias que as ciências utilizam para compreender o mundo incluem mecanismos. Um mecanismo pode ser caracteri-

---

29 SALMON, W. C. Scientific Explanation. In: SALMON, M. H. et al. (Orgs.). *Introduction to the Philosophy of Science*. Englewood Cliffs: Prentice Hall, 1992.

zado como um conjunto de processos por meio dos quais causas se concatenam de modo que produzam um fenômeno natural. Os mecanismos são propostos pelas teorias como processos que estão, por assim dizer, por trás dos fenômenos que vemos na natureza e as ciências tipicamente explicam um determinado fenômeno elucidando o mecanismo que o produz. Uma característica das explicações científicas, portanto, é a de que elas explicam *por que* um fenômeno ocorre por meio de uma resposta a uma pergunta sobre *como* ele ocorre. Explicações não científicas, por sua vez, tipicamente buscam compreender um fenômeno sem recorrer a mecanismos, isto é, elas não são construídas com base em uma tentativa de descobrir como o fenômeno é produzido na natureza.

No trabalho científico, respondemos, pois, a perguntas da forma "Por quê?" com base na proposição de mecanismos. Nosso próximo passo será, então, distinguir dois tipos básicos de mecanismos que podem ser usados para explicar fenômenos biológicos e, por conseguinte, dois tipos de explicações científicas que podem ser oferecidas como respostas a perguntas do tipo "Por quê?". Fenômenos biológicos podem ser explicados em termos de mecanismos que atuam em escalas temporais próximas e distantes de sua ocorrência. Essa foi a base que o evolucionista Ernst Mayr utilizou para propor uma distinção entre dois grandes ramos da Biologia, a biologia das causas próximas e a biologia das causas distantes.[30] Ao perguntarmos, por exemplo, "Por que as penas das aves têm a forma que têm?", podemos concentrar nossa atenção sobre causas que atuam em um tempo próximo à formação das penas, explicando os mecanismos de desenvolvimento que resultam na constituição de tais estruturas. Essa é uma resposta em termos de causas pró-

---

30 MAYR, E. *O desenvolvimento do pensamento biológico*. Brasília: UnB, 1998.

ximas, de mecanismos que operam em uma escala temporal bastante próxima daquela na qual a estrutura que pretendemos explicar se encontra. Disciplinas como a Bioquímica, a Biologia Molecular e a Ecologia são reunidas por Mayr no que ele denomina "biologia das causas próximas".

A biologia evolutiva, por sua vez, explica por que as penas têm a forma que têm por meio da investigação de mecanismos que operaram no passado. Por exemplo, um evolucionista buscaria no registro fóssil informações para descobrir em que animais as primeiras penas surgiram. Tentaria, também, reconstruir a sequência de transformações evolutivas que levaram, por meio de uma série de passos intermediários, à formação de penas com a estrutura que vemos hoje. Isso pode ser feito, por exemplo, observando os diferentes tipos de pena que hoje existem em aves. Essas diferentes formas de pena podem dar dicas sobre os passos percorridos até a formação da pena moderna.

As penas das aves surgiram originalmente como um simples tubo, que se estendia para fora da pele. Esse tubo se desenvolveu a partir de um espessamento que ocorre nas células da pele. Esse espessamento é também precursor de pelos, em outros animais. Mudanças genéticas no controle do desenvolvimento levaram a alterações nesse simples tubo, que originou a pena moderna.[31] As penas surgiram primeiro num grupo de dinossauros terrestres, que não tinham capacidade de voo. Repare como essa resposta, de natureza evolutiva, nos conta uma história mais ampla, explicando aquilo que vemos pela compreensão de eventos que aconteceram no passado, frequentemente num passado remoto. Por essa razão, Mayr entende a biologia evolutiva como uma "biologia das causas distantes", isto é, das causas evolutivas.

---

31 PRUM, R. & BRUSH, A. H. Which Came First, the Feather or the Bird? *Scientific American*, p.84-93, Mar. 2003.

O criacionismo

Apesar do imenso número de evidências que apoiam a visão de que os seres vivos estão continuamente sujeitos a transformações, e da incontroversa importância da ideia de evolução para diversas áreas da Biologia, a evolução ainda é negada por um grupo de fundamentalistas religiosos. Trata-se de pessoas comprometidas com um movimento criacionista, que concebe a diversidade dos seres vivos que vemos ao nosso redor, assim como todas as suas características, como uma criação direta de Deus, e não como o resultado do processo de descendência com modificação. Esse movimento é de natureza fundamentalista porque interpreta de maneira literal textos sagrados de religiões, como a Bíblia, tomando ao pé da letra os relatos que contêm. Desse modo de interpretar textos sagrados resulta a dificuldade de compatibilizá-los com a ideia de evolução, uma dificuldade que usualmente não é sentida por pessoas religiosas que evitam leituras fundamentalistas.

O movimento criacionista cristão, originalmente forte sobretudo nos Estados Unidos, já se manifesta no Brasil e pode ser investigado de várias perspectivas. É importante entender, por exemplo, por que a teoria evolutiva representa uma ameaça aos valores dessa comunidade. A questão do criacionismo também pode ser vista num contexto político, uma vez que é uma das manifestações de um pensamento conservador, que consegue arregimentar seguidores. Uma terceira questão, contudo, é mais relevante para nossos propósitos neste livro. Trata-se do mérito científico que poderia haver em ideias criacionistas. Quais são seus argumentos? Quais as consequências de uma negação da evolução para a Biologia? A seguir, apresentaremos algumas das afirmações comumente feitas para sustentar a objeção dos criacionistas à evolução. Depois, discutiremos se seria possível pensar numa ciência da Biologia sem a ideia de evolução.

1. A evolução não é algo que enxergamos, portanto, ela não é cientificamente aceitável.

Essa objeção explicita uma compreensão inapropriada da natureza do conhecimento científico e da relação entre conhecimento e evidência. Primeiro, as ciências trabalham com conceitos e modelos que frequentemente têm natureza abstrata, não sendo necessário "enxergá-los" ou percebê-los com qualquer outro órgão sensorial para que sejam aceitos. Assim como não "enxergamos" a evolução, também não enxergamos átomos, genes, gravitação etc. Modelos e conceitos científicos são aceitos quando são apoiados por evidências coletadas em testes empíricos e se mostram coerentes com outros conceitos e modelos incluídos nas teorias científicas mais aceitas em um determinado momento histórico. Portanto, uma teoria pode ser aceita se for fortemente apoiada, mesmo que as entidades e os processos aos quais se refira não sejam diretamente vistos, sentidos, tocados ou escutados.

2. A evolução é somente uma teoria. Ela não é algo provado e, por isso, carrega muitas incertezas.

Essa objeção está intimamente relacionada com a anterior, mostrando também uma compreensão inadequada da natureza do conhecimento humano em geral e do científico em particular. O conhecimento científico é conjectural: ele não pode nem deve ser concebido como verdade absoluta ou considerado correspondente à realidade. Aquilo que muitas vezes chamamos de "fatos" são também teorias ou hipóteses em que temos imensa confiança, graças ao acúmulo de observações ao seu favor e à sua coerência com outras ideias que constituem o conhecimento científico. Na verdade, todo conhecimento humano, científico ou não, é conjectural. Não diminui em nada o valor da evolução ou do darwinismo o fato de que se trata de uma teoria. Entretanto, apesar de todo conhecimento ser conjectural, há razões para que uma determinada ideia seja mais aceitável do que outra. No caso da teoria evolutiva, é tamanho o volume de informações, oriundas de todas as áreas da Biologia, que a endossam, que temos uma teoria altamente convincente, na qual podemos depositar grande confiança.

3. *É difícil crer que estruturas complexas, como os olhos, tenham surgido por um processo que depende do acaso.*

Algumas características dos seres vivos são de fato espantosas. Em vista disso, muitos criacionistas se recusam a crer que tenham surgido simplesmente pelo acaso e argumentam que elas foram produzidas por um Criador inteligente. Entretanto, o processo de seleção natural não é de modo algum aleatório. Pelo contrário, ele tria uma variação preexistente e aqueles que sobrevivem não o fazem por acaso, mas porque apresentam alguma vantagem sobre os demais. Como vimos ao longo deste livro, essa triagem leva a mudanças evolutivas, produzindo adaptações e podendo gerar formas complexas. Mesmo estas últimas, como os olhos de vertebrados, podem ter sua origem explicada pela seleção natural. Temos evidências de que existem diversas formas de olho, inclusive algumas de complexidade menor do que o olho de vertebrados, que representam possíveis precursores dos olhos mais complexos. Além disso, temos razões para crer que esses olhos mais simples também foram favorecidos pela seleção natural, como discutiremos a seguir. Assim, é provável que os sucessivos passos percorridos na formação dessa estrutura complexa tenham sido movidos pela seleção natural.

4. *A complexidade das estruturas biológicas não pode ser explicada pela seleção natural.*

Esse argumento parte da premissa de que sistemas biológicos são tipicamente formados por um conjunto de estruturas que interagem entre si de um modo tão complexo e preciso que a remoção de qualquer uma dessas partes levaria o sistema a deixar de funcionar. Consequentemente, segue o argumento, estruturas complexas não podem ter evoluído por sucessivos passos, como propõem os darwinistas, porque as etapas intermediárias não poderiam ter sido funcionais.

Hoje possuímos inúmeros argumentos contra esse raciocínio. Em primeiro lugar, temos uma longa lista de exemplos de características que evoluíram por etapas intermediárias, incluindo os olhos de vertebrados e as penas das aves. Em segundo lugar, é possível que etapas intermediárias na evolução de uma estrutura biológica tenham possuído utilidades diferentes daquela que identificamos na etapa final. Por exemplo, um olho com estruturas faltando pode parecer, à primeira vista, de pouca utilidade. Mas é provável que possuir um olho menos eficaz na formação de imagens do que um olho complexo seja ainda muito melhor do que não possuir olho nenhum. Esse olho poderia não formar imagens nítidas, mas permitiria a percepção de vultos, e isso poderia ser, por sua vez, razão suficiente para que os organismos que o possuíssem tivessem vantagem seletiva, o que explicaria a existência da etapa intermediária. Por fim, estudos genômicos mostram que componentes que fazem parte de estruturas complexas já estavam presentes muito antes de a estrutura complexa surgir. Por exemplo, bactérias possuem proteínas que são usadas por vertebrados para reconhecer cores.

Para compreender como o pensamento evolucionista concebe a evolução da complexidade, apesar das ressalvas de criacionistas, vale a pena recorrer a uma metáfora construída por Richard Dawkins, em seu livro *A escalada do monte improvável*.[32] Diante de uma estrutura complexa como o olho de um humano, o criacionista se coloca numa situação similar à de um alpinista que, diante de uma montanha muito íngreme e alta – o "monte improvável" –, não imagina como escalá-la. O modo como o darwinismo alterou a abordagem desse tema pode ser metaforicamente entendida nos seguintes termos: os darwinistas contornaram o "monte improvável" e perceberam que, do outro lado, uma subida suave poderia levar, passo a passo, à formação de estruturas consideravelmente complexas.

5. A teoria evolutiva e o darwinismo estão em crise e, se ainda não o foram, serão superados.

Esse argumento tem lugar garantido nos textos criacionistas. Entretanto, ele é equivocado, no que diz respeito tanto ao modo como é feita a pesquisa científica como ao que tem sido realmente debatido por biólogos evolutivos. Debates entre cientistas são uma parte inerente à ciência, não indicando necessariamente que uma teoria está em crise ou foi superada. Sem discordâncias, não haveria possibilidade de avanços no conhecimento. Os debates são esperados quando há atividade intelectual, com novas ideias sendo formuladas e ideias antigas sendo confrontadas com novos achados e experimentos.

---

32 DAWKINS, R. *A escalada do monte improvável*. São Paulo: Companhia das Letras, 1998.

Neste livro, discutimos vários temas que são debatidos por evolucionistas. Os criacionistas costumam utilizar esses debates para criar uma imagem da biologia evolutiva como uma ciência em crise, ou para advogar que o darwinismo teria sido superado. Entretanto, nenhum cientista envolvido nesses debates coloca em dúvida, em qualquer momento, a ideia central do pensamento evolutivo: a de que os seres vivos são todos aparentados, resultando de um processo de descendência com modificação. O que há são debates sobre a importância relativa de diferentes fatores e mecanismos na mudança evolutiva. Por exemplo, tanto restrições evolutivas, resultantes do processo de desenvolvimento, como a seleção natural têm papéis importantes na explicação da diversidade de formas vivas. Há debates sobre qual desses mecanismos é mais importante, mas nenhum dos evolucionistas atuais questiona a ocorrência da evolução ou propõe que devamos deixar de lado a seleção natural.

Há Biologia sem evolução?

A maior parte da comunidade científica considera o pensamento evolutivo o eixo central e unificador das Ciências Biológicas. A evolução é tipicamente entendida como um elemento indispensável para a compreensão apropriada da grande maioria dos conceitos e das teorias encontrados nessas ciências. Quais as razões que justificam esse pensamento da comunidade científica?

Considere, por exemplo, os fenômenos biológicos de que tratamos no início deste capítulo. Vimos que, para compreender as origens da Aids e, o que é ainda mais importante, para tentar controlar essa pandemia, não podemos deixar de pensar evolutivamente. Discutimos como o mesmo vale para a compreensão de como a resistência de bactérias a antibióticos surge a partir da evolução por seleção natural de populações bacterianas. Nesse caso, medidas simples que cada um de nós pode tomar para impedir o aparecimento e a proliferação de bactérias resistentes dependem de um entendimento de como o processo evolutivo ocorre. Vimos, ainda, como até mesmo um fenômeno que, em princípio, pouco ou nada parece ter que ver com evolução – como o mal-estar que frequentemente acomete mulheres grávidas – pode ser visto de uma perspectiva totalmente diferente quando pensamos evolutivamente. Tratamos das relações íntimas, embora nem sempre reconhecidas, entre os estudos genômicos, que tanto chamam a atenção dos meios de comunicação e da opinião pública, e o modo evolutivo de pensar e investigar os fenômenos biológicos.

Esses exemplos, muitos deles ligados à nossa vida cotidiana, contribuem para que compreendamos por que a evolução tem um papel tão central e indispensável no pensamento biológico. Outros argumentos podem juntar-se a esses exemplos. Vimos no Capítulo 2 uma série de evidências que apoiam a ideia de que a evolução ocorre, e, além disso, podem ser explicadas pelas teorias evolucionistas com maior simplicidade, economia e consistência do que pelas ideias de criação divina. Nesta seção, utilizaremos mais um argumento, agora de natureza histórica, para defender a ideia de que podemos pensar biologicamente somente se pensarmos evolutivamente.

Pode parecer surpreendente para algumas pessoas, mas podemos dizer que o fenômeno da "vida" apareceu como um problema para a ciência somente no fim do século XVIII. Anteriormente, os naturalistas não estudavam a "vida" como um fenômeno único, mas somente os seres vivos, que eram estudados de maneira separada por diferentes ramos do conhecimento, como a Medicina (incluindo divisões como a Anatomia e a Fisiologia), a Zoologia, a Botânica, a Agronomia etc. Isso indica – de uma maneira que também pode parecer surpreendente – que, naquela época, não podíamos falar em Biologia, porque esta é uma ciência que estuda a vida como um fenômeno único, e não seres vivos separadamente.[33]

Torna-se fácil compreender, então, por que a palavra "biologia" é uma filha do século XIX, assim como por que a ideia moderna de uma ciência unificada dos sistemas vivos tem praticamente a mesma idade. O uso do termo "biologia" para designar essa ciência remonta sobretudo a Jean-Baptiste Lamarck e Gottfried Treviranus (1776-1837), que o utilizaram independentemente, mas com o mesmo intuito, em 1802.

Não é coincidência que os pensadores que conceberam a ideia de uma ciência unificada dos seres vivos, na virada do século XVIII para o XIX, tenham sido evolucionistas. No pensamento criacionista, os seres vivos não têm relação de parentesco uns com os outros, tornando-se difícil sustentar uma compreensão unificada da vida, como objeto de uma ciência única, a Biologia. Se plantas e animais, por exemplo, não tivessem relações de parentesco uns com os outros, por que Botânica e Zoologia deveriam ser unificadas, subordinadas a um único conjunto de princípios? Por que elas deveriam ser pensadas, como hoje, como subdisciplinas de uma ciência mais ampla, a Biologia?

É natural, então, que, uma vez que tenham aceitado o pensamento evolucionista, admitindo que os seres vivos se transformam uns nos outros por meio de um processo de

---

33 EMMECHE, C. & EL-HANI, C. N. Definindo vida. In: EL-HANI, C. N. & VIDEIRA, A. A. P. (Orgs.). *O que é vida? Para entender a biologia do século XXI*. Rio de Janeiro: Relume Dumará, 2000. FOUCAULT, M. *As palavras e as coisas*. São Paulo: Martins Fontes, 1987.

descendência com modificação, naturalistas tenham defendido a ideia de que eles deveriam ser estudados por uma ciência única. A concepção dessa ciência faz muito mais sentido diante da ideia de evolução. Num sentido muito forte, *a evolução é o sentido da Biologia*, como enfatizou o geneticista Theodosius Dobzhansky (1900-1975) em 1973.[34]

■

---

34 DOBZHANSKY, T. Nothing in Biology Makes Sense Except in the Light of Evolution. *The American Biology Teacher*, p.125-9, Mar. 1973.

GLOSSÁRIO

Adaptacionismo – Abordagem da biologia evolutiva que busca na seleção natural as explicações para as características encontradas nos seres vivos.

Criacionismo – Crença na ideia de que todas as espécies foram criadas separadamente por um Criador sobrenatural.

Exaptação – Uma característica que foi cooptada para uma função distinta daquela associada a sua origem. Por exemplo, se for correta a teoria de que a origem das penas está associada à sua utilidade para a regulação térmica, elas seriam uma exaptação para a função de voar.

Lamarckismo – Teoria evolutiva que antecedeu o darwinismo. Postula que o progresso na organização das formas vivas é fruto de uma tendência de aumento de complexidade inerente aos seres vivos. O lamarckismo também afirma que o meio ambiente influencia a constituição dos seres vivos, resultando em padrões de uso e desuso de órgãos que são herdados e fazem com que o progresso no plano geral de organização dos seres vivos não seja perfeito.

Princípio de agência – Um dos princípios centrais do darwinismo, de acordo com Stephen Jay Gould. Responde em qual nível (ou níveis) do mundo biológico opera o processo de seleção natural. Para Darwin, o organismo era a unidade de ação da seleção; para biólogos contemporâneos, a seleção natural ocorre em vários níveis, podendo agir sobre genes, organismos, grupos, populações, e talvez até mesmo sobre espécies.

Princípio de eficácia – Outro dos princípios centrais do darwinismo identificados por Gould. Explica quais mudanças a seleção natural é capaz de promover. Darwin inovou ao argumentar que a seleção natural poderia ter um papel positivo na evolução, participando da geração de novas formas, em vez de restringir-se apenas ao papel de um processo negativo de remoção da diversidade.

Princípio do alcance – O terceiro princípio central do darwinismo, segundo Gould. Diz respeito à escala de fenômenos evolutivos que podem ser explicados pela seleção natural. Atualmente, alguns autores propõem que, embora a seleção natural tenha um papel central nas mudanças evolutivas numa escala populacional, outros processos devem ser invocados para explicar a evolução que origina diferenças numa escala maior, na qual se consideram as relações entre grandes grupos de organismos na árvore da vida.

Restrições ao processo evolutivo – Processos distintos da seleção natural que influenciam a diversidade de formas vivas que resulta da evolução. As características do processo de desenvolvimento, por exemplo, introduzem restrições ao processo evolutivo, ao influenciar o repertório de formas vivas que pode ser originado e, então, submetido ao processo de seleção natural.

Seleção de grupo – Modelo de seleção natural que supõe que há sobrevivência diferencial entre distintos grupos de organismos, graças às características presentes em cada um dos grupos.

Seleção natural – O mecanismo proposto por Darwin e Wallace para explicar o processo de mudança evolutiva. Baseia-se na ideia de que há variação herdável numa população, e que essa variação influi nas chances de sobrevivência dos organismos, de modo que, com o tempo, os organismos com as características mais vantajosas tendam a tornar-se mais frequentes.

Seleção por parentesco – Modelo de seleção natural de acordo com o qual um gene pode aumentar de frequência numa população por influenciar a sobrevivência de indivíduos que possuem os mesmos genes por descendência comum, isto é, parentes.

SUGESTÕES DE LEITURA

BOWLER, P. *Evolution:* The History of an Idea. 3.ed. Berkeley: University of California Press, 2003.

Um cativante relato da construção da visão de mundo evolutiva, que transita desde as ideias pré-darwinianas até os debates contemporâneos.

DARWIN, C. *A origem das espécies.* Belo Horizonte/São Paulo: Itatiaia/Edusp, [1859]1985.

Essa é a obra em que Darwin apresenta a "teoria darwinista da evolução", que consiste, na verdade, em um conjunto de teorias inter-relacionadas, incluindo a ideia de que a evolução ocorre (acompanhada de muitas evidências a favor da realidade da evolução), a teoria da ancestralidade comum, a teoria de que a variação dentro das espécies origina as diferenças entre espécies, a teoria da seleção natural e a teoria de que a evolução é gradual. Quase 150 anos depois de sua primeira publicação, algumas ideias contidas nesse livro continuam no foco dos debates evolutivos, evidenciando a riqueza intelectual da obra de Darwin.

DAWKINS, R. *A escalada do monte improvável.* São Paulo: Companhia das Letras, 1996.

Usando um linguajar de fácil acesso, Dawkins faz uma defesa da biologia evolutiva contra os ataques criacionistas. O autor se notabilizou por argumentar que a seleção natural é o principal processo capaz de explicar a diversificação biológica. Essa visão difere daquela defendida por outros autores, a qual atribui importância às restrições evolutivas e aos eventos casuais.

EL-HANI, Charbel Niño & VIDEIRA, Antonio Augusto Passos (Orgs.). *O que é vida? Para entender a biologia do século XXI.* Rio de Janeiro: Relume Dumará, 2000.

Esse livro apresenta em uma linguagem acessível conceitos centrais, estruturadores do pensamento biológico, entre eles os de "vida" e "evolução", bem como discussões sobre temas de ponta da pesquisa biológica.

FUTUYMA, D. *Biologia evolutiva*. 2.ed. Ribeirão Preto: SBG, 1992.
Um texto avançado, para aqueles que desejam buscar mais detalhes técnicos sobre a estrutura teórica da biologia evolutiva e a pesquisa nessa área.

LEWONTIN, Richard. *A tripla hélice*. São Paulo: Companhia das Letras, 2002.
Esse livro oferece uma visão diferente da de Dawkins, enfatizando a complexidade das interações entre genes, organismos e o ambiente em que vivem. Lewontin expõe a limitação da abordagem segundo a qual as características dos seres vivos podem ser fácil e exclusivamente explicadas por processos de seleção natural.

MAYR, E. *O desenvolvimento do pensamento biológico*. Brasília: UnB, 1998.
Uma visão histórica, do ponto de vista de um dos principais arquitetos da síntese neodarwinista, sobre como foi construído o conhecimento das Ciências Biológicas.

■

QUESTÕES
PARA REFLEXÃO E DEBATE

1 "A evolução não é um fato, é apenas uma teoria." Esta asserção, frequentemente apresentada por criacionistas, balançaria sua crença na evolução? Há descobertas da ciência que podemos considerar "fatos", dos quais temos certeza?

2 Pense numa característica da nossa espécie e imagine quais respostas um evolucionista e um criacionista, respectivamente, poderiam dar para explicar sua existência. Algumas ideias de características interessantes: bipedalismo (capacidade de andar sobre duas pernas); dieta onívora; número reduzido de prole; variação na cor da pele (com a pele mais escura ocorrendo predominantemente nas regiões de maior incidência solar).

3 A distinção entre adaptação e exaptação é muito importante. Um exemplo caricatural ajuda a entender por quê. As orelhas constituem uma estrutura útil em pelo menos dois sentidos: elas formam um pavilhão que protege o ouvido interno e ajuda na condução do som; mas elas também servem como apoio para as hastes dos óculos. Seria absurdo dizer que as orelhas são adaptações para usar óculos; elas simplesmente passaram a ter essa função secundariamente. É nesse sentido que dizemos que elas são exaptações para o uso de óculos e adaptações para funções auditivas. Pense em outros exemplos, menos caricatos, que ilustram como uma característica que surgiu num contexto veio a adquirir novas utilidades.

4 A bricolagem é a atividade de construção de algo usando como matéria-prima peças preexistentes. A evolução é frequentemente considerada um processo que se assemelha mais à atividade de bricolagem do que de engenharia, na qual as peças são *feitas* para realizar funções específicas. Pense em exemplos que justificam a defesa da bricolagem como metáfora para a evolução. É razoável supor que um processo aparentemente menos sofisticado (o caso da bricolagem, em relação à engenharia) consiga originar tamanha complexidade, como aquela vista no mundo natural?

5 Alguns autores, como Williams e Dawkins, propõem que a seleção natural atua no nível dos genes, e não dos organismos, como pensava Darwin. Outros, como Wynne-Edwards, defendem que a seleção pode atuar também sobre grupos de organismos, sendo essa a razão pela qual comportamentos altruístas podem ser encontrados na natureza. Hamilton propõe o modelo da seleção de parentes, baseado na seleção natural no nível dos genes, para explicar a evolução de comportamentos altruístas. A ideia de seleção no nível dos genes foi criticada por ser excessivamente reducionista, perdendo de vista a importância e a complexidade das interações entre os genes e da seleção no nível dos organismos. Mais recentemente, observa-se uma tendência de admitir-se que a seleção natural pode atuar em vários níveis ao mesmo tempo. Discuta os méritos e as limitações de cada uma dessas propostas sobre o nível (ou os níveis) em que a seleção natural atua.

6 É frequente encontrarmos a opinião de que a seleção natural é uma teoria que não foi "comprovada". Discuta como você usaria as evidências a favor da seleção natural discutidas ao longo do livro numa discussão a esse respeito.

■

**CONHEÇA OUTROS LANÇAMENTOS
DA COLEÇÃO PARADIDÁTICOS UNESP**

SÉRIE NOVAS TECNOLOGIAS
Da Internet ao Grid: a globalização do processamento
Sérgio F. Novaes e Eduardo de M. Gregores
Energia nuclear: com fissões e com fusões
Diógenes Galetti e Celso L. Lima
Novas janelas para o universo
Maria Cristina Batoni Abdalla e Thyrso Villela Neto

SÉRIE PODER
O poder das nações no tempo da globalização
Demétrio Magnoli
A nova des-ordem mundial
Rogério Haesbaert e Carlos Walter Porto-Gonçalves
Diversidade étnica, conflitos regionais e direitos humanos
Tullo Vigevani e Marcelo Fernandes de Oliveira
Movimentos sociais urbanos
Regina Bega dos Santos
A luta pela terra: experiência e memória
Maria Aparecida de Moraes Silva

SÉRIE CULTURA
Cultura letrada: literatura e leitura
Márcia Abreu
A persistência dos deuses: religião, cultura e natureza
Eduardo Rodrigues da Cruz
Culturas juvenis: múltiplos olhares
Afrânio Mendes Catani e Renato de Sousa Porto Gilioli

SÉRIE LINGUAGENS E REPRESENTAÇÕES
O verbal e o não verbal
Vera Teixeira de Aguiar
Imprensa escrita e telejornal
Juvenal Zanchetta Júnior

SÉRIE EDUCAÇÃO
Educação e letramento
Maria do Rosário Longo Mortatti

SÉRIE EVOLUÇÃO
Evolução: o sentido da biologia
Diogo Meyer e Charbel Niño El-Hani
O tapete de Penélope: o relacionamento entre as espécies e a evolução orgânica
Walter A. Boeger

SÉRIE SOCIEDADE, ESPAÇO E TEMPO
Trabalho compulsório e trabalho livre na história do Brasil
Ida Lewkowicz, Horacio Gutiérrez e Manolo Florentino
Imprensa e cidade
Ana Luiza Martins e Tania Regina de Luca
Redes e cidades
Eliseu Savério Sposito
Planejamento urbano e ativismos sociais
Marcelo Lopes de Souza e Glauco Bruce Rodrigues

SOBRE O LIVRO

Formato: 12 x 21 cm
Mancha: 20,5 x 38,5 paicas
Tipologia: Fairfield LH 11/14
Papel: Offset 75 g/m² (miolo)
Cartão Supremo 250 g/m² (capa)
1ª edição: 2005
5ª reimpressão: 2017

EQUIPE DE REALIZAÇÃO

Edição de Texto
Liga Editorial (Prepação de Original e Revisão)

Editoração Eletrônica
Liga Editorial (Diagramação)

Impressão e acabamento

psi7 | βοοκ7